THE ANATOMICAL CHART OF
INTERIOR DECORATING RENOVATION

软装改造解剖书

杨柳 编

中国电力出版社
www.cepp.sgcc.com.cn

内容提要

租房、二手房或装修较久的居所，因为房龄、使用人数等原因，难免会存在一些问题，例如墙面发黄、家具款式过于老旧等情况，这种情况下将其全部更换为新品是不太现实的，因此如何通过改造才能在最少花费的情况下让居所焕然一新是很多人关心的问题。本书汇集了出租屋、二手房及过时装修中最容易出现的一些问题，将其编写成册。第一章针对每一种容易出现的问题提出多种改造方式，让读者可以用最少的资金、最省力的方式对居所进行改造；第二章选取了比较经典的软装改造成功案例，从全新的角度分析整体软装搭配。全书配以清晰的图片、轻松的版式和简练的文字，不仅是可获取知识的读物，也是对此方面有兴趣的读者的休闲阅读良品。

图书在版编目（CIP）数据

软装改造解剖书 / 杨柳编 . — 北京：中国电力出版社，2018.2

ISBN 978−7−5198−1366−6

Ⅰ . ①软… Ⅱ . ①杨… Ⅲ . ①室内装饰设计 Ⅳ . ① TU238.2

中国版本图书馆 CIP 数据核字（2017）第 290517 号

出版发行：中国电力出版社
地　　址：北京市东城区北京站西街 19 号（邮政编码 100005）
网　　址：http://www.cepp.sgcc.com.cn
责任编辑：曹　巍（010−63412609）
责任校对：李　楠
责任印制：杨晓东

印　　刷：北京盛通印刷股份有限公司
版　　次：2018 年 2 月第一版
印　　次：2018 年 2 月第一次印刷
开　　本：710 毫米 × 1000 毫米　16 开本
印　　张：12
字　　数：292 千字
定　　价：68.00 元

前言

"房子是租来的，但生活不是租来的。"这是现在年轻人中非常流行的一句话，随着外漂租客的不断增多，出租房、二手房的交易量不断增加。还有一种情况是房子装修的时间比较久了，需要换个新装，而租来的、房龄较久的二手房以及装修时间较长的房子，因为使用的时间过长或使用的人数较多等原因，难免会存在一些觉得不尽人意之处，例如墙面发黄、家具款式比较老旧、墙面造型具有年代感等。为了让生活的环境更美观，对房屋进行改造是必要的，但因为房屋的自主权或费用等问题，对整体大动干戈是难以实现的，这时候，用软装来进行改造，往往能够取得让人满意的效果，还可以享受 DIY 的乐趣，让居住者有满足感和归属感。

本书由"理想·宅 Ideal Home"倾力打造，全书共分为两个大章节，第一章的内容是经过多方调研后指定的，汇集了出租屋和二手房中常见的各种问题，并针对每一种现象都提出用软装改造的若干种解决方式，且所选的改造方式，在年轻人群中均比较流行，可使阅读者走在时尚的前沿；第二章选取了比较经典的软装改造成功案例，对每个部分的软装使用情况进行分析，力求让读者以最经济并最合心意的方式，对居所进行改造。全书以轻松、清新的版式，搭配具有针对性但非常简练的语言，使读者阅读起来更轻松。

阅读本书时，除了可以具有针对性的阅读单独每一节的内容外，还可以将不同部位的软装改造方式结合起来，让家居整体变得更舒适、更美观。

编者

2018 年 1 月

目 录
CONTENTS

第二章　软装改造家！
5 大软装饰家解决案例

1

第一章

软装实验室！
36 种局部软装改造方案

新买的二手房，或者居住时间较长的老屋，想要换换风格，变个面貌，又不想大动干戈地拆墙、改变格局，该怎么办？硬装上不想过多耗费精力，就需要在软装上下功夫。这是由于软装相对于硬装来说，不仅花费的资金较少，而且巧妙使用更会容易出效果。本章归纳出 36 种软装改造房屋的方案，从解决实际生活中遇到的问题出发，来达成软装改变居住环境的目的。

客厅
确定家居空间内全部软装的整体基调

状况一

毫无新意的灯具，影响整体装饰效果

⚙ 软装搭配问题分析

这是大约十几年前非常流行的一种灯具款式，虽然乍一看还有点精致感，但已禁不起仔细的推敲，即使保养得比较好，现在看来，也带有浓郁的年代感，无论是二手房改造还是出租屋改造，如果不改动这类的灯具，即使墙面装饰得再符合心意，顶部的灯具也会影响整体的装饰效果。

软装搭配"微"讲堂

灯具虽然位置不起眼但却具有点睛作用

客厅是家居中活动的主要场所，所以无论空间大还是小，都具有决定整体软装基调的作用。但是人们在进行家居改造时，经常会把重点放在墙面、家具等部位的软装上，而忽略了灯具的作用，虽然它不是挂在头顶就是放在角落，但是却有着点睛的作用，换一盏灯具可以让家居风格特征大为改变。

解决方案 **1**
低矮房间换成符合居室风格特征的吸顶灯

需要进行改造的房屋通常不会装饰得太华丽，通常适合选择造型简洁一些的灯具。

 设计特点　用比较个性的吸顶灯取代原有的老式灯具，既不会妨碍人们的正常走动又能够为居室增添新意，非常适合二手房或出租屋改造。

➡ 选择一盏水晶材质、造型比较简洁的吸顶灯搭配简欧风格墙面和家具，让装饰的主体部分家具及墙面更突出的同时，也不会让人感觉顶面过于单调。

➡ 客厅中的软装大多为黑加白，使客厅具有了年轻人的"酷"劲。顶面因高度较低，使用了白色简洁款式的吸顶灯，虽然不引人注意，但却具有很强的协调感。

解决方案 2
房高足够时可使用喜爱的吊灯来装饰

不同款式的吊灯对房间面积是有要求的，如果是小房间，不适合选择人华丽的款式。

吊灯的款式比吸顶灯更丰富，装饰效果也更好，金属杆的款式对房间高度要求较高，底部不能低于家人中最高人的身高；如果喜欢吊灯但房高较低，可以选择吊线款。

← 很多时候房屋并不允许居住者做太大的改动，这时就可以选择用黑色的线管在顶部走明线来进行一些简单的灯路改造，而后搭配带有工业风的吊灯甚至是吊线灯头在电视墙附近使用，就非常有个性。

↓ 本案的房高不高，属于中等高度，但并不妨碍在客厅中使用吊灯，选择吊线款式的吊灯集中在茶几上方，不会妨碍室内走动，柔软的吊线在妨碍搬动物体时还可以根据需要来回移动。

解决方案 3
用各类个性灯具取代主灯来照明

非主灯类的灯具中，落地灯是无须进行电路改动就可代替主光使用的最佳选择。

具有强烈的视觉冲击力，属于开放型配色，能够营造出具有活力、健康、华丽质感的空间氛围。对比色相对于互补色的配色效果更缓和一些。

↑ 通常小户型家居中的灯具无须过于明亮，若对原来的主灯不满意，可以拆掉后将顶部抹平，而后选择与家具风格统一的落地灯来作为主灯使用。

→ 如果不喜欢吸顶灯或吊灯这种打开后光源很强烈的灯具，可以用多盏筒灯或射灯等这类的点光源灯具来代替主灯，照明效果会更柔和一些，在不能做吊顶的情况下，可以使用本案这种外装式筒灯。

状况二

老旧的电视墙，给空间带来浓郁的年代感

✿ 软装搭配问题分析

如果购置或租入的是房龄十几年以上的房子，不可避免地会遇到与右侧图片上类似款式的、带有年代感的电视墙，这些电视墙的造型在当时是引领潮流的，但在现在以软装饰为主的装修概念下，会显得十分老旧，即使搭配了款式非常新颖、时尚的家具，因电视墙在整体家居中占有主导地位，若不做改动，也会让人感觉格格不入，严重影响整体装饰效果。

软装搭配 "微" 讲堂

电视墙体现家居装饰精髓

客厅电视墙在国内的家庭装饰装修中具有不可忽视的主导作用，有的家庭即使其他部位不做大的动作，也一定要有一面比较有代表性的电视墙，它不仅仅是一种装饰，更是整个家居装饰的精髓，是家居整体装饰的浓缩，所以客厅电视墙的美观性是非常重要的。

解决方案 **1**

电视墙整体粘贴壁纸，替换原有材料

除了常规花纹的壁纸外，电视墙还可以选择画面感较强的壁纸或砖纹壁纸等。

设计特点 壁纸的款式众多，施工简单、工期短，若使用环保胶，晾干即可入住，用来代替原来的墙面材料十分便捷，且装饰效果出众。

➡ 小块面积极具特色的壁纸搭配浅灰色的墙面漆，整体造型简洁、施工简单，但风格特点非常突出。

➡ 立体白色砖纹的壁纸搭配木质搁架和电视柜，具有浓郁的北欧风情，简约、具有流行特点且不容易被淘汰。

解决方案 2

重新涂刷墙漆，用墙贴来装饰背景墙

墙贴施工简单，款式多样，而且花费非常少，选择符合风格特征的墙贴即可。

设计特点 电视墙重新涂刷一层墙漆后，摆放一个电视柜和电视就可以用墙贴来装饰墙面了，可以根据喜好和风格来选择图案和色彩，让电视墙重新焕发光彩。

← 白色电视墙略显单调，粘贴了一组战争图案的墙贴后，立刻变得充满了故事性，墙贴与电视墙同属无色系，虽然线条较多，也不会显得杂乱。

↓ 向日葵图案的墙贴粘贴在白色的墙面上，与室内的田园风家具搭配和谐，进一步强化了自然韵味。

解决方案 3
用具有收纳功能的柜体或隔板来装饰电视墙

带有电视柜的整体收纳柜或者隔板，可以装点出兼具装饰性和实用性的电视墙。

设计特点 在一些小户型中，收纳空间可能会不太充足，就可以将电视墙利用起来，根据墙面的大小，来选择一些隔板、格子式的储物架，或者选择整体收纳柜，增加收纳量的同时也装饰了客厅。

↑ 电视墙全部设计为白色以凸显宽敞感，且为了符合北欧特征并没有做任何造型，为了避免单调感，在墙面加入了一组搁架，摆放一些小饰品来做装饰。

← 电视定位后，在它的上方和侧面使用了大量的格子储物架，做成了书柜的样式，来增加小客厅的收纳量。格子并没有统一使用白色，而是运用了拼色设计，增加了趣味性，活跃了氛围。

状况三

出租屋白色沙发墙发黄还掉皮，又脏又廉价

⚙ 软装搭配问题分析

现在流行这样一句话"房子是租来的，但生活不是"，在外漂泊的人越来越多，租房成了年轻人的主流居住方式，然而用来出租的房子很难尽如人意，如果遇到的"前任"不够珍惜房子，或者房龄太长而出租者没有进行打理，墙面便容易出现脱皮、发黄等情况，特别是沙发墙，更容易有这些现象，如果不进行处理，不仅影响心情，还容易产生有害物质，如浮灰、粉尘等，危害健康。

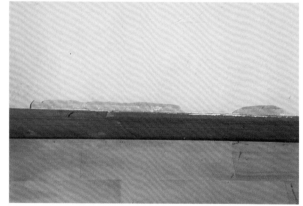

软装搭配 "微" 讲堂

沙发墙体现设计细节和精致度

沙发墙是指沙发背后与电视墙相对的墙面，大部分家庭中，它都不是客厅装饰的主体，但其装饰风格是否与家居其他部分相协调，却影响到居室整体细节的完善性及精致度，出租屋不适合大动干戈的做一些固定造型，用软装饰来丰富沙发墙是最适合的方式。

解决方案 1
自粘壁纸覆盖原有掉皮墙面

自粘壁纸也叫翻新壁纸，与普通壁纸不同的是它的背面自带背胶，但花纹较少。

设计特点 自粘壁纸可以粘贴于没有浮灰的墙漆、涂料、瓷砖、玻璃以及木材等材料上，用壁纸刀即可自行施工，铲掉原有掉皮墙面后平整一下基层即可使用。

↑ 用黑色带有暗纹的自粘壁纸装饰沙发墙，搭配造型简洁但非常具有特点的家具及灯具，能够渲染出阳刚气质十足的客厅氛围。

➡ 风格素雅的自粘壁纸搭配新中式风格的沙发、落地灯及装饰画，虽然沙发区面积不大，且布置并不复杂，却具有古典雅致的韵味。

解决方案 **2**
画面集中在墙壁下部分或上部分的壁贴

这种图案比较集中的大型壁贴，覆盖的面积较大，能够完美覆盖墙面的缺陷。

 设计特点　根据墙面脱皮的位置，选择画面集中在下部分或上部分的大型壁贴，只需要将原有脱皮部分简单铲除，就可以完成改造，但这种方式不适合大面积脱皮或发霉的墙面。

← 采用画面集中在下方的花草图案的壁贴，来装饰原有的白色墙面，搭配具有喜庆感的家具，让客厅充满了盎然春意。

↓ 灰色线描式的飞机图案壁贴，图案集中在上半部分，能够很好地覆盖墙面，且为北欧风格的客厅增添了个性和科技感。

解决方案 3
和墙壁一样大小的定制式壁画

定制式的壁画与壁纸略有区别，它如装饰画一般是一幅图画，很多商家都包施工。

设计特点 定制式的壁画能够覆盖整个墙面，画面可以根据家中墙面的宽度和高度来做改变，简单处理基层后即可覆盖原有墙面，性价比非常高。

↑ 电视墙和沙发墙均使用了淡蓝色底、花鸟图案的整幅定制式装饰画，为客厅奠定了古典而清新的基调。

➡ 蓝色花朵图案的整幅式装饰画用在沙发墙上，个性、新颖，与地中海风格的家具搭配相得益彰，并强化了客厅内如海风般的清新感。

沙发样式单一又老旧，缺乏活力，显得暮气沉沉

⚙ 软装搭配问题分析

有一些沙发单独看起来无论是质量还是造型都比较过关，但可能由于材质或色彩的原因，就会显得颜色单一、自带老旧感、缺乏活力。如果居住者是年长者，使用这种款式的沙发感觉会很稳重，但如果居住者是年轻人，此类沙发再搭配红木茶几，就会让客厅显得老旧、暮气沉沉。沙发是客厅软装的主体，对整体影响很大，如果遇到这类沙发，进行改造是很必要的。

软装搭配 "微" 讲堂

主体家具宜体现居住者的性格和年龄特点

沙发是客厅中占据绝对主要位置的家具，它的款式应体现出居住者的性格和年龄特点，这样可以让家更具归属感，也会让客人感觉更加协调。如果沙发的款式比较陈旧，在预算充足的情况下建议更换主沙发，若是出租屋或不想大改，可搭配彩色单人沙发、座墩或休闲椅来进行改造。

解决方案 **1**
使用撞色或带有图案的主沙发

撞色或带有图案的主沙发，具有单一色彩的沙发所没有的活力感，搭配白墙就很好看。

设计特点　改造屋通常面积不会太大，可选择转角式或者双人、三人座带有简单图案或撞色设计款式的沙发，就能够为客厅增加活力，需要注意的是沙发不需要太花哨，否则容易显得杂乱。

➡ 主沙发选择了白色和深玫红色撞色的款式，搭配弧度造型，活泼而又不乏柔和感，具有女性特点。

➡ 虽然沙发上只有淡淡的格子图案，但仍给人一种素净中带有一些韵律的观感，搭配白色的沙发墙显得客厅整洁而雅致。

解决方案 **2**
用动感单人沙发、座墩或休闲椅增加活力

用撞色、纯色或带有动感图案的单人沙发和座墩，或者个性的休闲椅与主沙发组合。

设计特点 如果主沙发的款式尚可，可以不对其做改动；若客厅的面积较宽敞可以搭配 1 ~ 2 个色彩比较活泼的单人沙发或个性休闲椅，如果客厅面积较小，则可以将其换成座墩。

← 浅灰色的沙发比较素雅，加入一个黄色的单人沙发和一个黄色座墩后，客厅中就有了一些活泼的感觉。

↓ 一些颜色厚重但款式比较经典的主沙发，搭配两个颜色活泼的座墩，就可以为客厅增添一些活力，减弱主沙发带来的厚重感。

解决方案 **3**
为主沙发增添具有活力的靠枕来制造变化

带有花纹、动感纹理或拼色色块的靠枕，具有十足的活力感，能够迅速改变氛围。

 **设计特点**　靠枕是非常物美价廉的小软装，带有动感纹理的靠枕用在沙发上可以与色彩较深的沙发形成对比，转移人的注意力，忽略沙发的老旧样式和色彩。

↑ 色彩比较沉稳的沙发，搭配了几个红色和白色组合的靠枕后，立刻变得喜庆和活泼起来。

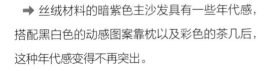

➡ 丝绒材料的暗紫色主沙发具有一些年代感，搭配黑白色的动感图案靠枕以及彩色的茶几后，这种年代感变得不再突出。

状况五

沙发框架完好，但表面有污损和划痕

⚙ 软装搭配问题分析

更换主体大件家具如沙发，有些时候不仅费钱还很费神，如果房屋之中原来有沙发，且沙发的框架没有损伤，能够继续使用，其款式也可以接受，只是表面有一些小块面积的破损或划痕，就可以保留下来，用一些方法为其更换新衣，让它继续发挥作用。

软装搭配 "微" 讲堂

旧沙发更换的 "新衣" 宜选对风格

即使是改造房，也会有一个基本的风格定位，通常来说简约、北欧、混搭以及现代美式风格运用的比较多。那么在对旧沙发进行改造时，无论采用哪一种方式，所选择材料的色彩及纹理，都建议与整体风格相协调，从而使装饰效果更舒适、协调。

解决方案 **1**

使用沙发全包套罩为多损伤沙发换"新衣"

沙发全包套罩以布艺材质为主，能够紧密地贴在沙发表面，将沙发全部包裹起来。

设计特点 沙发全包套罩能够将沙发全部包裹起来，浑然一体，不仅让旧沙发更美观，使用起来也很舒适，布艺及皮质损伤较多的沙发可用它来改造，但是不适合全实木沙发。

↑ 灰色的沙发全包套罩改造了旧沙发，搭配同为单色系的大件软装，以及红色和绿色组合的小件软装，即使后面是大面积白墙，也让人感觉非常时尚。

← 结合图案和拼色组成的沙发全包套罩搭配纯色调的卡通图案靠枕，为旧沙发换上了具有活泼感的新面貌。

◉ 解决方案 **2**
使用沙发垫巾覆盖损伤不严重的沙发

沙发垫巾主要的覆盖部分是沙发垫及靠背的表面，沙发原有的材质会显露一部分。

🏠 设计特点 如果沙发主体部分的损伤很小，只有细微的划痕或开裂，用沙发垫巾进行覆盖，就可以对其进行美化，垫巾的款式比较多，可以根据风格自由选择。

➡ 为灰色的沙发搭配茱萸粉色的沙发垫巾，改变了客厅原有的冷淡、肃穆的感觉，增添了柔和感。

➡ 原有的白色沙发搭配其他大量的白色软装显得有些冷清，加入了棕色和蓝色对比色组合的垫巾后，具有了低调的活泼感。

解决方案 3
使用沙发盖巾、沙发笠或重做布艺沙发罩

沙发盖巾和沙发笠属于包裹沙发但不会过于严密的布艺，沙发罩则可以将其完全包裹。

设计特点　如果预算比较充足，建议使用沙发盖巾、沙发笠或者重新给沙发定制沙发罩，与前两种方式不同的是，这种改造方法的纹理及造型的可选择性更多。

← 米色格子和浅棕色条纹组合的沙发盖巾，与米色墙面和棕色地面搭配，雅致而不乏温馨感。

← 白色条纹和蓝色格子组合的布艺沙发罩，搭配蓝色的地毯，用在以大量白色为主的客厅中，增添了清新和舒适的感觉。

状况六

沙发墙挂画装饰悬挂方式死板，单调没创意

⚙ 软装搭配问题分析

　　偶尔也会遇到墙面比较整洁的房子，这种情况下如果没有特殊情况，就不建议粘贴壁纸或者墙贴了，即使再环保的材料也还是会有一些污染物存在，还需要通风晾晒，比较麻烦。装饰画是很好用的软装，但因为审美的不同，很可能原来的居住者只是简单地悬挂一幅或对称式的悬挂两幅装饰画来丰富墙面，但在墙面造型简单或没有造型的情况下，这种组合方式会显得过于单调、没有创意。

软装搭配 "微" 讲堂

越素净的墙面越需要一些略带动感的装饰

　　如果客厅是大白墙且整体布置比较简洁，再搭配对称式或单幅的装饰画就会显得单调，此种情况下，可以用不同尺寸但画框材质和造型相同的装饰画进行不规则的组合或用装饰画组合挂饰等方式来增添层次感，需要注意的是，其中鲜艳的色彩不宜过多、面积不宜过大。

解决方案 **1**
使用带有仿真植物的挂饰为客厅增添自然感

仿真植物的挂饰具有浓郁的自然感,用其装饰沙发墙,可以为客厅增添田园韵味。

设计特点 当居所的面积较小时,很难有独立摆放植物的位置,用仿真植物的挂饰来装饰沙发墙,不仅可以改变白色墙面的冷硬感,还能为整体环境增添自然气息。

← 干净的白色墙面,搭配紫灰色的沙发具有高雅感,别出心裁地使用仿真植物做沙发背景,在不破坏原有高雅气质的同时,增添了一丝自然韵味和趣味性。

解决方案 2
用装饰画与墙面挂饰做悬挂组合

墙面挂饰的种类非常繁多，各种风格均可找到对应的款式，与装饰画组合显得个性十足。

 **设计特点**

比起全部使用装饰画作为变化的方式来讲，用装饰画搭配墙面挂饰的方式更独特一些，更适合颜色较为单一的墙面，同时，画面和挂饰风格统一带来的效果最佳。

➡ 在白色的墙面上，左侧悬挂带有一些黄色的简约风格装饰画，右侧则搭配了一个白色为主的鹿头挂饰进行组合，为具有纯净感的北欧风格客厅增添了一些个性和活力。

解决方案 **3**

用不规则方式悬挂装饰画，为客厅增加个性

采用不规则的方式来悬挂装饰画，很适合没有造型的墙面，可以避免单调感。

设计特点 改造房的墙面通常没有造型或造型很少，特别是在大白墙的情况下，使用不规则方式来悬挂装饰画可以为墙面增加一些动感，也可以为客厅增加个性。

↑ 沙发墙使用了白色砖纹壁纸，搭配同系列但色彩、图案及尺寸均有区别的装饰画后，动感十足但并不让人感觉突兀。

← 装饰画在色彩上与沙发和茶几均有呼应，让客厅的软装之间更具整体感，没有选择将装饰画组悬挂在中间，而是采用偏向一侧的方式，更具艺术感。

解决方案 4

装饰画 + 饰品或植物组合摆放，丰富空间

与装饰画组合的饰品或植物可以在色彩上或者造型上做一些呼应，塑造统一感。

设计特点 沙发后方如果有一个平台可以摆放装饰画时，不妨加入一些小的装饰品或小型绿植与其组合，能够塑造出妙趣横生的效果。

← 沙发后方设计有一个窄的台面，所以装饰画采取了摆放的方式来装饰空间，统一的使用装饰画即使高度错开也有点单调，加入了一盏复古煤油灯式的小饰品，让人感觉更生动。

↓ 北欧风格的客厅中，用黑白色为主的装饰画搭配五角形造型的饰品和一株绿植组合起来做装饰，素雅却具有灵动感。

解决方案 5

个性壁饰摆脱传统墙面装饰，增添艺术感

个性壁饰包括各种漂亮的盘子、另类墙壁挂饰甚至是自行车等非常规的墙壁装饰。

设计特点　个性壁饰花样繁多，没有装饰画的硬朗边框的局限，在布置时自由性更大，非常适合应用在没有造型的墙面上。

➡ 在圆形木板上粘贴各种纹理的布艺，大小组合起来装饰灰色墙面，显得活泼十足而又不突兀。

➡ 将墙面涂刷成蓝绿色后，搭配几个田园图案的盘子和一个鹿头挂饰做沙发墙，强化了室内的田园韵味。

状况七

窗帘款式老旧、色彩单调，使人感觉死气沉沉

⚙ 软装搭配问题分析

窗帘是客厅中面积最大的软装，它的装饰效果对整体空间的美观性影响非常巨大。很多二手房或出租屋中，经常会见到掉色、飞灰，或者材料质感低廉、款式老旧的窗帘，比如大地色带有亮光的混纺窗帘或者带有白纱和蕾丝的窗帘等，因为它的面积大非常吸引人的目光，即使其他部位再整洁，也会让人感觉整体空间不够干净，遇到这样的窗帘，一定要将其更换掉，不仅关系到美观性和舒适性，还直接关系到身体健康。

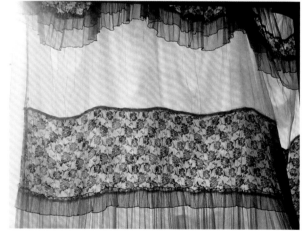

软装搭配 "微" 讲堂

面积最大的软装，其色彩的选择非常重要

窗帘是客厅中面积最大的软装，对客厅的整体装饰效果有着很大的影响，所以对它的色彩、图案的选择就显得非常重要。如果室内整体布置比较简单，可以选择画面具有趣味性的窗帘代替原来的老旧窗帘，就像增加了一面可活动的背景墙；若家具的纹理较丰富，窗帘建议搭配简单一些的款式。

解决方案 **1**
动物或植物图案窗帘能为客厅增加童趣

单一图案且面积较大的动物、植物款式窗帘，并不会让人觉得幼稚，很适合客厅。

设计特点 此类窗帘适合室内色彩较少、整体风格比较简约的居室，底色通常为白色或淡雅的色彩，搭配大幅面的卡通动物、植物图案，可以为客厅增添趣味性，却不会让人感觉太儿童化。

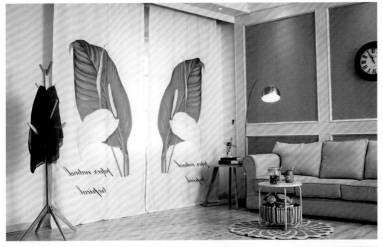

← 窗帘选择了白色为底色，上面仅印染了两枝绿色大叶片的马蹄莲的款式，为客厅增添了清新感和自然气息。

← 客厅墙面和顶面均为白色，除了窗帘外的其他软装色调以黑、白、灰色为主，搭配一幅黑白色组合的斑马图案窗帘，统一而具有趣味性。

⊙ 解决方案 2
条纹或几何形状具有动感的图案更能增添活力

几何或条纹图案的窗帘无论是何种色彩的搭配，都具有不同程度的动感。

⌂ 设计特点 即使是素雅配色的条纹或几何图案，也具有活力感，能够避免客厅的氛围过于素净，色彩和图案建议与其他软装协调或相呼应，否则容易显得层次不清。

➡ 窗帘采用了纯色与菱形格几何元素拼接的款式，为素净的客厅带来了低调的活力感，同时花色与沙发靠枕相呼应，更具整体感。

⬇ 客厅主沙发选择了红色，已经非常引人注目，所以窗帘选择了无色系的黑白色，条纹图案拉高房高的同时还具有一定的韵律感。

解决方案 3

多色拼接或纯色款式，塑造或华丽或纯净的氛围

与条纹款式印染或编织制作不同的是，拼色款窗帘是由不同色彩的窗帘拼接而成的。

设计特点 拼色窗帘的色彩选择更自由，可以根据家居中其他部分软装的色彩进行组合挑选，能够为客厅增添低调的华丽感。素色的窗帘不带花纹，适合各种风格的客厅使用。

↑ 客厅的家具以灰色为主，所以窗帘也选择了灰色，让整体软装的色彩更具统一性，强化装饰的纯净感。

← 客厅中无论是墙面还是家具的色彩都以白色为主，容易显得冷清，搭配四色拼接的麻布窗帘，让客厅"活"了起来，更具生活气息。

状况八

地面光秃秃，单调、乏味，缺乏层次感

⚙ 软装搭配问题分析

老房大多地面都是地砖，且米黄色居多，虽然米黄色本身带有一些温馨感，但地砖总的来说还是让人感觉相当冷硬的；即使使用的是地板，使用频率比较高的沙发区也很容易出现一些磨损或划痕，如果不对这些地面进行一些软装方面的改造，会降低家居的舒适程度，有缺陷的部分还会影响客厅整体的装饰效果。

软装搭配 "微" 讲堂

增加地面织物能让家居更具温暖感

软装从材质的类型上可分为暖材质、冷材质和中性材质，布艺、织物属于暖材质，玻璃、金属等材料属于冷材质，木料属于中性材质。其中家居中经常使用的地毯就是暖材质的一种，所以即使在客厅中使用一块冷色地毯，比起地砖和地板来说也会更具温暖感。

解决方案 **1**
用纯色或暗纹地毯来调节地面层次最不容易出错

纯色地毯或暗纹地毯没有明显的花纹，对新手来说是最不容易出错的选择。

设计特点 此类地毯与纹理明显的地毯不同，不容易让客厅层次变得混乱，虽然大多为低调的色彩，却也能够为地面增加一些温暖的感觉，如果不喜欢过于规矩的形状，可选圆形或不规则形。

➜ 客厅内地面为白色，家具也多为浅色，显得有些重心不明确，使用一块深棕色地毯加入进来，使沙发区有了稳重的感觉。

➜ 明黄色的地砖搭配一块地毯立刻变得柔和起来，不再过于冷硬，地毯的色彩与沙发呼应，使软装的设计更具整体感。

解决方案 2
深色家具可选择具有活力感的拼色地毯组合

拼色以及几何图案的地毯带有强烈的活力感，与深色家具搭配具有更大的张力。

 设计特点 深色系的沙发比浅色系显得更厚重一些，用带有活力感的拼色地毯覆盖在原来的地面上，能够减少家具的沉重感，带动客厅的气氛。

↑ 客厅面积较小，使用一张暗蓝色沙发，显得有些沉闷，用一块红白结合的环形图案地毯加入进来，与沙发形成了鲜明对比，为客厅增添了活力。

➡ 黑色沙发搭配色彩艳丽的装饰画固然活泼，但在白墙的映衬下还是显得有些突兀，搭配几何图形的黑灰色组合地毯，则很好地进行了融合和过渡。

解决方案 3
条纹地毯可以调节地面的长宽比例

不同宽窄及形式的条纹地毯，能够从视觉上调节房间的整体比例，拉长房间宽度或长度。

设计特点 遇到开间和进深尺寸相差较多的户型时，在原地面上搭配一张条纹图案的地毯，可以利用条纹的延伸感来改变视觉上的比例，条纹长的一面顺着需调节的方向摆放即可。

← 黑白条纹地毯的色彩与家具有所呼应，具有统一感，条纹沿着窗的方向布置，可以延伸该方向的视觉长度。

← 沙发组合以深灰色为主，搭配一块白色和浅灰色组合的条纹地毯，减轻了沙发的厚重感，同时不会破坏原有的理性氛围，还可让客厅比例更舒适。

解疑！Q

客厅软装搭配常见问题 Q&A

Q：客厅中软装设计的重心是什么？

A：客厅是家庭中的主要活动空间，需要满足人们坐卧、交谈的需求，而所对应的功能性家具就是沙发，所以沙发是客厅软装设计中的绝对重心，它的色彩和款式应该能够彰显出家居整体风格的特点，必然也是改造时的重点。

Q：小客厅适合采用什么形式布置沙发？

A：面积小的客厅空间比较紧张，一字型布置方式是最适合使用的沙发布置形式，这种方式给人以温馨紧凑的感觉，能够营造出亲密的氛围，具体操作方式为将沙发沿着一面墙成一字型摆开，前面放置茶几；除此之外长方形的小客厅还可以选择按照 L 形来布置沙发，能够充分利用转角空间，主沙发沿墙面布置，单人座靠一侧摆放，或者直接选择 L 形款式的沙发。

Q：15m^2 以下的客厅适合选择什么款式的沙发？

A：15m^2 以下的客厅在需要进行改造的居所中是非常常见的，沙发是客厅中的主角，同时占据的面积比较大，建议先摆放沙发。因为面积较小，还要保证客厅内活动路线的绝对顺畅，不建议选择整套式的沙发组合，主沙发可使用双人座、三人座沙发或 L 形的沙发，而后若还有一些空间再搭配单人座沙发、休闲椅或座墩即可。

Q：茶几怎么选择和摆放才能与沙发组合协调且让客厅显得更宽敞？

A：选择了小型的沙发后，为了让小客厅显得更宽敞，就不建议摆放太多的桌几，能够满足使用需求即可，茶几和角几可选择一种来使用，这样可以预留出更多的空白空间，让人感觉空间很宽敞，材料上具有通透感的最佳。在摆放茶几时，无须放在沙发的正中央，偏向不需要频繁走动的一侧一些，不仅活动路线更顺畅，也会让人感觉更有个性。

Q：客厅中的装饰画悬挂多高合适？

A：如果人们要抬头才能够看到墙面的装饰画，就说明它悬挂的高度不合适。不管坐姿还是站姿，人们都不会想抬头来欣赏画作，所以悬挂装饰画的最佳高度是人眼的高度，但是如果画面太大，建议以门框上沿为基准来布置，不宜超过它，更便于人们欣赏。如果装饰画是布置在沙发墙上，则画框底部距离沙发靠背上沿 15cm 最佳。

Q：摆放块状地毯时有什么需要注意的事项？

A：块毯体积小花样多，打理起来很方便，是改造房屋的好选择，但是摆放块毯时有一个很大的忌讳，就是不固定其区域，这样会使其破坏客厅装饰的统一感，同时还容易让人摔跤。在确定沙发的位置后，建议用尺子测量一下摆放地毯位置的尺寸，而后对应尺寸购买。块毯应该和沙发组连接在一起，并能把所有坐具的前脚都放在块毯上。

Q：沙发色彩较单调，可以摆放很多靠枕来调节吗？

A：浅色系的小沙发能够让空间显得更宽敞，是改造房中经常会使用的款式，为了避免单调，通常业主会搭配一些靠枕进行调节，使其变得具有生活气息，但是靠枕的数量不建议过多，家居中的一切软装布置均应以满足生活的舒适度为先决条件，而后才是装饰性，如果在沙发上摆放过多的靠枕，影响了人们正常的坐卧，就失去了摆放靠枕的意义。

Q：客厅内的布艺搭配如何避免混乱感？

A：客厅中的布艺种类较多，如果随意的组合，很容易让客厅显得混乱。最稳妥的方式是先制定一个基调，包括色彩、质地和图案的选择，且应与空间主体风格相统一，简单的方式是以家具为基准，如窗帘参照家具、地毯参照窗帘、靠枕参照地毯，这种参照不仅包括色彩和图案，在面料的质地上也应尽可能地统一，以避免材质的杂乱感。

Q：小饰品也需要与其他软装协调吗？

A：如果是装修新手，还是建议选择与其他软装风格相同的小饰品，如果比较有经验，可以混搭，但混搭时建议选择与其他软装有呼应的色彩，不容易显得突兀。

餐厅

软装搭配要给全家人带来"好好吃饭"的心情

状况一

缺乏集中的光照设计，让菜肴失色

⚙ 软装搭配问题分析

现在翻阅家装案例会发现大部分的小户型中，餐厅都是使用吊灯的，因为小户型的面积小，餐厅被分配的空间更少，如果改造前使用的是筒灯、吸顶灯或者距离餐桌遥远的墙面灯具，餐桌区域就会显得有些昏暗，不仅在夜间使用起来不方便，也会让人感觉装饰重心不稳。

软装搭配"微"讲堂

灯光布置应以餐桌为重心

餐厅的作用就是为人们日常生活的用餐提供场所，首先是满足使用需求，然后才是美化需求，当然如果布置得不美观也会影响用餐，以功能性为出发点，餐厅内的软装设计中心应该是餐桌。中小户型中的餐厅面积都比较小，所以建议使用吊灯，可以让灯光集中在餐桌区域。

◉ 解决方案 **1**

将灯具更换为单头吊灯，为餐厅增添简洁感

单头吊灯通常尺寸较大，造型大多简洁、利落，安装简单，具有大气的装饰效果。

☎ 设计特点 单头吊灯款式简洁，用在原来使用吸顶灯或筒灯等分散式主灯的餐厅中，能够将光线集中在餐桌区域，让餐厅软装重心更突出，效果更简洁、大气。

➡ 红色的单头吊灯用在黑白色为主的餐厅中，为过于素净的餐厅增添了些许活泼感，集中式的光照能够很好地将光线汇集在小餐桌上。

➡ 餐椅的颜色比较活泼，所以吊灯选择了较为复古的黑色单头款式，使光线集中在餐桌部位，同时丰富了餐厅软装材质上的层次感。

解决方案 2
使用个性的多头吊灯，使目光进一步聚焦餐桌区域

多头吊灯每个灯的尺寸比较小，组合起来比单头吊灯更显小巧，层次更丰富。

设计特点 如果喜欢顶面的层次丰富一点或者在家具的款式稍微复杂等情况下，可以使用多头吊灯取代原有灯具，因为样式更复杂一些，所以能够更加聚焦目光。

↑ 餐厅整体软装改造设计呈现出了一种稳重的感觉，使用深棕色木质和黑色铁艺结合的餐桌，明确设计基调，然后搭配双头镂空铁艺造型的吊灯，使改造主题体现地更明确。

↑ 厨房为开敞式布置，餐厅顶部使用的是蜂巢造型组成的多头吊灯，不仅起到了进一步美化餐厅软装设计效果的作用，同时将人的视线聚焦在餐厅的重心上，还能够从顶面上进行区域的划分。

解决方案 3
用长臂或可调节长度的壁灯取代顶灯

长臂壁灯或可调节长度的壁灯适合安装在餐厅墙面上，比起吊灯来说更能凸显个性。

设计特点 如果餐厅面积很小或者顶部安装了筒灯不方便改造，可以选择长臂或可调节长度的壁灯安装在墙面上，使光线集中在餐桌的位置上。

↑ 餐桌比较小，在墙面上使用单头的长臂壁灯来取代其他类型的灯具，聚光于餐桌满足实用需求，还能兼具装饰墙面的作用。

← 木质和黄色金属结合的长臂壁灯，材质和色彩呼应了餐桌椅，简洁而整体。

状况二

背景墙是冷淡色，缺乏生活情趣

⚙ 软装搭配问题分析

这是一个餐厨合一空间中的餐厅区域，虽然物品的摆放有些杂乱，但墙面整体看起来比较整洁、干净，但是一面大白墙没有任何的装饰，未免让人感觉缺乏生活情趣，即使饭菜的味道很美味，也感觉缺少了一些促进食欲的外在条件，不想让人过久的停留，比较起来，无论装修豪华与否，装饰漂亮的餐厅总是能够让人们耐下心来享受用餐乐趣，为忙碌的生活提供更好的生活质量。

软装搭配"微"讲堂

让餐厅软装色彩丰富起来有助于促进食欲

据研究表明，橙色、黄色、红色等暖色系具有促进食欲的作用。如果家里的餐厅是大白墙，或者冷淡色的墙面，原墙面比较整洁便无须改造，可以选择一些色彩比较活泼的装饰品让餐厅变得内容丰富起来，比如装饰画、隔板搭配小摆件、餐具等，同时还能促进食欲。

解决方案 1
用彩色装饰画与白墙做对比，增加视觉张力

 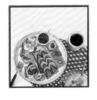

画面的内容没有限制的，如果是与餐厅功能性相符的且与饮食有关的内容效果会更好一些。

设计特点 带有彩色图案的装饰画，无须过于艳丽，即使是黑底色彩较低调的款式也可以使用，因为白色能够扩大彩色的活泼感，增强餐厅墙面整体的视觉张力。

← 白色墙面搭配白色餐桌椅，虽然显得非常整洁、统一，却有点单调，选择一幅多彩色拼接动感纹理的装饰画加入进来与白色对比，整体感觉便会活泼而时尚。

↓ 餐桌椅以白色和深棕色为主，略显冷清，在搭配装饰画时，虽然以黑白色为主，但主要位置上却选择了带有黄色的画面，使氛围立刻变得生动起来。

◉ 解决方案 2
用彩色餐具或花艺丰富餐桌，来增添情趣

彩色的餐具或花艺非常容易更换和移动，可以丰富餐厅色彩，还能保持新鲜感。

☎ 设计特点 餐具和花艺在所有的餐厅软装中属于尺寸较小的类型，用它们来装饰餐桌，墙面即使使用黑白色的装饰画或素色的装饰，也能够让餐厅氛围变得生动起来。

↑ 餐厅墙面和桌椅均为白色，搭配黑白组合的装饰画能够彰显宽敞的感觉，为了避免过于冷清，餐桌上使用了彩色餐具做装点。

➡ 餐具以蓝色为主，搭配黄色的花艺，对比色的桌面软装，为餐厅增添了生活情趣。

解决方案 **3**

使用彩色家具与大白墙搭配，活跃整体氛围

餐厅中的常用家具为餐桌椅和餐边柜，其中餐椅体积小，最适合选择彩色家具。

 **设计特点**　在白色或冷淡色的墙面下，如果使用彩色的餐椅或小型的彩色餐边柜，能够与墙面形成强烈的对比，让餐厅氛围立刻活跃起来。

↑ 餐厅墙面为中度灰色，略显冷淡，搭配黄色和白色组合的家具后，氛围立刻变得活跃起来，但并不让人感觉喧闹，反而带有一些纯净感。

← 用红色的餐椅搭配白色的墙面和黑色的餐桌，为餐厅增添了十足的时尚感，同时红色还有促进食欲的作用。

状况三

餐厅空间太小，摆放不下常规餐桌

⚙ 软装搭配问题分析

在很多小户型中餐厅要么非常小，要么与客厅共处一室没有独立的、宽敞的位置，这就导致无法摆放常规形的餐桌，就算是四人座的长条形小餐桌也难以放下，或者强硬的塞下后会阻碍正常的交通，且让空间看起来非常拥挤。但没有独立的用餐空间，在客厅茶几上随意用餐非常降低生活品质，所以就需要开动脑筋，在现有基础上用软装挤出相对宽敞的空间，为餐桌摆放提供位置。

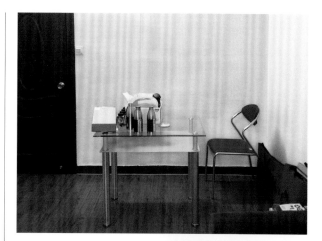

软装搭配"微"讲堂

餐桌的尺寸选择宜"因地制宜"

对于面积小的餐厅来说，在选择餐厅家具时就需要"因地制宜"，进行布置前建议仔细地测量，尺寸的准确性尤为重要，一点误差就可能导致摆放不下，而后根据空间的长度和宽度去选择适合款式的家具，还应注意留下足够的交通空间。

◉ 解决方案 **1**
用吧台搭配吧椅打造多功能用餐区

吧台和吧椅非常节省空间，只要有一块横置的板子就可以做吧台的台面使用。

⌂ 设计特点　吧台和吧椅占地面积小，作为餐桌椅使用位置非常灵活，如果是开敞式厨房可以与橱柜相结合，如果餐厅很小或没有独立餐厅，可以紧邻客厅或放在客厅与阳台之间。

➡ 吧台的宽度和长度非常灵活，如果没有独立的位置作为餐厅，可以利用客厅与阳台或窗之间的距离，设计一个吧台，充当餐桌，非用餐时间还能做休闲用途。

➡ 虽然家居的面积很小，但是厨房是开敞式的，所以利用厨房和客厅之间的位置，用橱柜做出了一块吧台，充当餐桌，搭配几个吧椅就有了座位。

解决方案 **2**
条形及可折叠小餐桌靠墙或顺着沙发走势摆放

条形小餐桌及可折叠小餐桌宽度较窄，很适合小餐厅，但款式少，可以用桌布来装饰。

 设计特点　条形或可折叠的小餐桌宽度较窄，体积小重量轻，很方便移动，靠墙摆放或者顺着沙发长度或宽度方向摆放均可，占据面积小还能够解决用餐问题。

➡ 沙发靠窗摆放后与楼梯之间还有一些宽度，选择两张窄而小的同款餐桌靠墙摆放，搭配同系列餐椅，既可以作为餐桌又可以作为工作台，充分利用了空间面积。

➡ 将条形餐桌摆放在厨房和客厅之间，顺着沙发宽度方向摆放，占地面积小，预留出了足够的交通空间，同时还具有划分区域的软隔断作用。

解决方案 3
方形小餐厅使用圆形小餐桌，可充分利用空间

尺寸较小的圆形餐桌虽然桌面都是圆形，但腿部款式比较多，效果简单而大方。

设计特点 差不多大小的方形餐桌和圆形餐桌比较，圆形餐桌给人的感觉更圆润，因为没有明显的分界线，必要的时候可以多配置一个餐椅，很适合用在方形小餐厅中。

⬆ 这是一个带有夹层的小户型，餐厅的最佳位置是客厅和厨房中间，但这里有楼梯，所以餐桌无法靠墙摆放，选择一张圆形的餐桌，搭配两张餐椅，给人以舒缓的感觉，且不会阻碍交通。

⬆ 餐厅位于一个相对独立的小方形空间中，将一张小尺寸的圆形餐桌放置在中间位置上，搭配四张餐椅，各个方向都能让人走动，却没有过于拥挤的感觉。

状况四

餐桌十分老旧，不美观又影响健康

⚙ 软装搭配问题分析

对居室进行改造，多数工薪阶层还是会以节省资金为出发点，最好是用最少的钱装饰出自己最满意的效果。需要进行改造的房屋中，餐桌并不一定是需要更换的，如框架上没有太大的问题，但桌面有一些损伤的餐桌，或者只是款式没有了潮流性，但是保养得还比较完好的餐桌，就没有必要更换新的，可以用一些小的改造手段，为其更换一件新的"衣裳"。

软装搭配"微"讲堂

建议根据餐桌材质选择改造方式

无论是出租房中老旧的餐桌还是款式比较落后但外观保持较好的餐桌，在改造时，都建议根据其材质选择适合的改造方式，其中最简单的方式是覆盖桌布，无论什么材质的餐桌均适用；做旧及贴纸处理则更适合木质餐桌，不适合玻璃餐桌。

解决方案 **1**
用桌布覆盖餐桌表面，为餐桌加一层美丽的"外衣"

桌布的款式繁多，不论是何种风格均有对应的图案，是改造旧餐桌的好帮手。

设计特点 有一些餐桌表面可能存在油污、划痕、裂纹等缺陷，或者玻璃餐桌的款式非常老旧，在擦洗干净后，就可以用桌布覆盖表面，将缺陷遮盖起来，还可以根据季节更换桌布色彩。

↑ 旧餐桌上覆盖了一层白色为主的桌布，彰显整洁感的同时，与墙面色彩做了呼应，加强了硬装和软装的统一感。

← 选择一款撞色条纹图案的桌布覆盖原来的餐桌，搭配黄色的椅子和花艺，具有舒适的活泼感。

◉ 解决方案 2
实木旧餐桌可直接打磨或做旧处理

打磨和做旧改造的方式适合质量比较好的、桌面较厚的实木餐桌。

 设计特点　实木家具如果保养不及时，表面会有划痕或掉漆，可以自行打磨或做旧处理，将"旧"变成个性。如果旧餐桌不好处理，可以DIY，买一块二手木板做桌面再安装金属腿即可。

➡ 较有厚度的实木桌面，经过做旧处理后，不仅不显得陈旧，反而非常朴拙。

➡ 动手能力强的人，寻觅一块不规则边的实木板，自行做旧后，在搭配合适的金属腿，就是一张个性的餐桌，搭配木质或金属餐椅均可。

解决方案 3
用家具翻新贴纸，改造老旧的餐桌

家具翻新贴纸自带背胶，仿木纹的款式种类较多，除此之外，还有一些纯色的款式。

设计特点 有一些餐桌可能仅仅有一些小的伤痕，框架上没有任何大的损伤，但是颜色或纹理比较老气，用家具翻新贴纸粘贴在其表面上就可以使之焕然一新。

↑ 板式结构的木质餐桌翻新起来非常容易操作，粘贴后跟新的一样，搭配涂刷了蓝色墙漆的背景墙和黄色的餐椅，具有浓郁的北欧风情，美观而又节省资金。

↑ 金属腿和板材面的餐桌，腿部是非常结实不容易出现大的伤痕的，所以将面层翻新即可拥有一张新的餐桌。选择白色家具翻新纸粘贴在餐桌表面，与白色墙面搭配更具整体感。

状况五

较长或厚重的餐桌使用同一种餐椅，让人感觉略单调

⚙ 软装搭配问题分析

现在很多年轻人都喜欢享受自己动手改造的乐趣，如果餐厅空间比较宽敞，没有原来的家具或者家具需要丢弃，可以动手制作或者购买比较好处理的款式简洁的实木板餐桌，这类餐桌通常比较厚重，如果全部搭配同种餐椅很容易显得单调，在选择餐椅时可以做一些变化来调节层次感，让墙面造型简单的餐厅变得更美观。

软装搭配 "微" 讲堂

餐桌较长或厚重，可使用同材质不同款式的餐椅制造层次感

当餐桌较长或比较厚重的时候，可以利用餐椅来调节层次感制造变化。当然不能胡乱地搭配，首先餐椅应在材质或风格上有相同点，例如同材质不同造型，或同风格不同颜色等，还需要与餐桌有一些共性，即在大的方面求同，小的方面存异。

解决方案 1

实木餐桌可用长凳代替一侧餐椅

长凳适合长度较长的实木材质餐桌，款式较少，适合用来与同色系同风格餐椅搭配。

设计特点　长凳的造型较少一些，多为简洁的款式，所以比较适合用在改造房中，与餐椅搭配能够调节层次，适合墙面造型简洁的餐厅。

↑ 用一个与餐桌色彩和纹理非常类似的实木长凳，搭配两张实木餐椅，为水泥饰面的餐厅背景墙增添了微弱的层次感和朴拙感。

← 餐桌的造型非常简洁，都是利落的直线条和大板，用同材质的长椅搭配同色的板凳，使餐厅别有淳朴感和自然气息。

◉ 解决方案 **2**
使用同材质不同款式或同款式不同色彩的餐椅

餐桌款式比较简单或长度较长时，使用有相同点但存在一些差异的餐椅更美观。

🏠 设计特点 　同材质不同款式的餐椅统一感比较强，但细节上存在变化，适合比较沉稳的风格；同材质不同色彩的餐椅比前一种差异性要强一些，适合活泼或简洁一些的风格。

➡ 餐桌造型简洁、朴拙，三个方向分别搭配了与餐桌同色木质但款式不同的餐椅，让人感觉层次感很强，不会有单调感。

➡ 餐厅墙面的图案非常具有趣味性，用都有实木部位但造型不同的餐椅搭配餐桌，进一步强化了这种趣味性。

解决方案 3
用与墙面结合的卡座搭配餐椅，增加储物空间

卡座式的家用餐椅可以和墙面组合起来，节省空间，下方还可以存储物品。

 设计特点

在餐厅可以靠一侧墙布置的情况下，想要尽量多的容纳多人用餐，可以结合墙面将一侧做成卡座，造型根据家居风格选择即可，下方还能存储物品，一物多用。

← 结合墙面的位置一侧餐椅做成了可以储物的木质卡座，其他位置搭配木质餐椅，实用、美观，同时符合餐厅风格特点。

← 简约风格的餐厅中，靠窗一侧被利用起来，做成了座椅高度的无靠背卡座，提高了有限空间内的利用率。

没有餐边柜，取用物品来回跑厨房

⚙ 软装搭配问题分析

中小户型中，餐厅的面积通常都不会太大，特别是一些袖珍小户型中，更是小得可怜。在这种情况下，摆放一个独立的餐边柜比较困难，餐边柜属于餐厅中的必备家具之一，它不仅具有装饰性，还能存储常用物品，避免了人们在用餐时来回奔波于厨房和餐厅之间，没有餐边柜会降低生活的便利性，增添很多麻烦。但在刚好能摆放小餐桌的餐厅空间中，如果增加一些有餐边柜作用的设施，是让人比较头疼的事情。

软装搭配 "微" 讲堂

小餐厅储物可利用一切立面及平面的边角空间

中小型餐厅可能很难有较为宽敞的地方来单独摆放餐边柜或酒柜，没有存储空间会降低生活的便利性，其中一些漂亮的餐具等如果放在开敞式的储物架上还可以作为极具生活气息的装饰品，所以建议将墙面或地面上的边角空间利用起来，使用储物架、储物格或吊柜来存放物品。

解决方案 **1**

利用餐厅的墙面空间，用储物格、架增加储物空间

储物格、储物架等小体积的储物构建，能够充分地利用餐厅的墙面和边角空间。

设计特点 小餐厅虽然地面可能没有空间，但只要是在能将餐桌靠墙摆放的情况下，墙面一定是有空间的，可以舍弃掉装饰画等纯装饰性的软装，安装储物格、架来存储物品。

⬆ 用吊柜安装在餐厅墙面代替背景墙，避免了墙面的空旷感，同时更具实用性，开敞和封闭的造型组合，不会让人感觉憋闷。

⬅ 开敞式的隔板安装在小餐厅的墙面上，不仅可以摆放餐具之类的物品，还能摆放一些小的植物，用来美化餐厅空间。

解决方案 2

有柱子的墙面，可以利用柱子的凹陷部位做吊柜

有柱子的餐厅墙面会有凹陷的部分，可以充分地利用其走势，让柜子与其齐平

设计特点　框架结构的房子墙壁的边角部分可能会有柱子，当柱子位于餐厅时，可以在凹陷的部分与柱子的外沿拉齐制作下方悬空的吊柜来存储餐具，不容易有卫生死角。

↑ 餐厅的角落有一根尺寸较宽的柱子，沿着其走势和尺寸定制安装吊柜后，柱子变得不再显眼，同时还增加了储物空间。

➡ 利用厨房门外柱子的凹陷位置，用与餐桌相同色彩的材质定制安装了一排吊柜，为餐厅提供了收纳场所。

解决方案 **3**

利用餐桌周围，巧妙增加储物空间

如果墙面无法安装储物构建，可以从餐桌周围寻找合适的位置，安置低矮的柜子。

设计特点 利用餐桌靠墙一侧或靠交通区域一侧的下方或立面位置，定制或 DIY 一个不妨碍人们正常活动的收纳柜，也可以解决没有餐边柜的问题。

← 将餐桌靠过道的位置利用起来，用低矮的储物柜和隔板制作出了占地很小的储物空间，满足了餐边柜的功能，且不影响美观。

解疑！

餐厅软装搭配常见问题 Q&A

Q：餐厅中的常用软装饰都包括哪些内容？

A： 餐厅由于其位置的不同，使用的软装饰数量和种类上是有区别的，必备的家具是餐桌和餐椅，如果是小餐厅也可以换成吧台和吧椅；不是必备的家具包括餐边柜、酒柜和吧台。常用的布艺包括窗帘、桌布、桌旗、椅套、桌垫、椅垫、靠枕等。除此之外，还有灯具、绿植、花艺和工艺品。

Q：布置餐厅家具有哪些注意事项？

A： 首先应先确定餐厅家具的种类，而后确定每一种家具的摆放位置，餐桌椅的尺寸以及餐椅的数量也应提前做好规划。餐桌的尺寸与餐厅面积的比例宜舒适、适中，除了满足餐桌椅的使用空间外还应留出足够的交通空间，当人坐在餐椅上时，不能阻碍餐厅内其他人的正常行走。

Q：小餐厅适合选择什么款式的餐桌椅？

A： 小户型餐厅通常都是与客厅连在一起的，面积不会很宽敞，在这种情况下，可以多使用一些折叠类的家具和小型家具，如可展开的折叠餐桌、吧桌、窄条桌、小圆桌等；餐椅可以选择尺寸较小的款式，或者直接与墙面结合设计卡座，不仅可以坐人，还能储物。

Q：餐厅吊灯底部到餐桌之间的距离有要求吗？

A： 与客厅吊顶下方需要预留至少 1.8 米不同的是，餐厅的吊灯需要集中地照射在餐桌上，所以高度可以低一些，通常来说，单头及多头式的小吊灯，底部距离餐桌宜为 50 ~ 60 厘米，但并不是所有的吊灯都适合这个数据，还需要根据吊灯的款式来决定，例如尺寸大一些的华丽一些的吊顶，应适当地抬高一些，避免妨碍用餐。如果不能确定什么尺寸合适，可以选购带高度调节器的款式。

Q：餐厅布艺花色的选择应需要注意什么？

A： 虽然餐厅需要一些能够促进食欲的软装饰，但是因为餐厅内如窗帘、桌布等布艺类软装饰占据的面积较大，还是不建议因为一时的喜欢而选择太花哨的款式。虽然第一眼感官很好，但长久下来后很容易让人感觉厌烦，不如一开始就选择经得起考验的款式。

Q：为餐桌选择桌布时，应该怎么确定款式？

A：为了覆盖有缺陷的餐桌或让餐厅变得更具温馨感，很多人会选择用桌布来覆盖餐桌。桌布的花色宜从餐厅甚至是家居整体风格方面来考虑，通常来说，简约风格的餐厅适合选择无色系或纯色的款式，如果餐厅墙面和家具的设计都比较简单，桌布的色彩可以跳跃一些；田园风格的餐厅适合选择格纹、条纹或碎花的款式，增添清新感；北欧风格的餐厅无色系桌布是最具代表性的选择，若觉得过于冷清，可以使用较为低调的彩色，可以是纯色，也可以带有一些北欧典型图案，需要注意的是，北欧风格不适合搭配太刺激的色彩。

Q：桌布的铺设方法有什么讲究吗？

A：桌布的形状宜根据餐桌的形状来挑选，如果餐桌是圆形的，可以在底部选择边角带有花纹的款式，而后在上面再叠铺一层小块的桌布，效果会更出众，圆形餐桌的桌布尺寸用圆桌直径加30厘米的下垂距离最美观；方形的餐桌，可以先铺一块正方形桌布，上面叠加一块小正方形的桌布，两块桌布的角可以错开，尺寸为桌子的尺寸再加上15～35厘米为宜；长方形的餐桌，可以用长方形的桌布与桌椅或者餐垫搭配。

Q：餐厅适合使用什么材质的窗帘？

A：家居中常用的窗帘材质有雪尼尔、棉、麻、纱、丝、绸缎、植绒、竹和人造纤维等，餐厅是用餐空间，临近厨房，难免会收到一些油烟的污染，而餐厅对卫生的要求又比较高，所以建议选择易清洗的材料，如棉、麻、人造纤维等。

Q：餐厅内适合摆放什么种类的鲜花和绿植？

A：餐厅中适当地摆放一些鲜花或绿植能起到调节心理、美化环境的作用，但切忌过于花哨，反而会影响食欲。带有浓香的品种容易干扰嗅觉，会影响用餐；带有花粉的品种容易让人过敏，也不建议选择。可以适当地使用康乃馨、玫瑰、天竺葵、迷迭香、薄荷、白纹草、西瓜皮椒草、富贵菊等。

卧室
既要保护隐私，又要体现静谧的软装布置

状况一

只有一盏主灯，缺少温馨的睡眠氛围

⚙ 软装搭配问题分析

有时卧室因为装修的时间太长或者床摆放位置的局限性等原因，仅安装一个吸顶灯作为主灯，常用的台灯无处摆放，所以没有其他的辅助灯具。如右图案例，虽然整体看起来比较整洁、干净，色调也很活泼，但在夜晚来临时，卧室中只有一个大面积照射的主灯，无论是从实用角度来说还是从装饰性角度来说，都比较单调，缺乏一些可以助眠的温馨感。

软装搭配 "微" 讲堂

辅助灯具有烘托气氛增添情调的作用

在家居环境中，灯具不仅仅是用来照明的，更重要的是它可以通过光影效果来为装饰增色，同时烘托或华丽或温馨的气氛。在卧室中，灯光应温馨一些，才能让人感到舒适，进而容易入睡，如果只有一个主灯又灯光过强，是不能起到这种作用的，所以辅助灯具的使用是必要的。

解决方案 **1**

在床头安装壁灯，烘托温馨的卧室氛围

壁灯不占据地面面积，只要床头后面有墙壁，就可以安装，款式多装饰效果好。

设计特点 壁灯不仅可以照明，还可以丰富墙面的装饰，款式很多，有的灯臂长度还可调节，不仅适合烘托气氛，还能用来阅读书籍。

↑ 双人床适合在左右两侧各安装一盏壁灯，最好是可调节距离的款式，能根据个人的使用习惯来调节照射范围，更方便两个人同时使用。

← 将不可调节位置的壁灯安装在较低的位置上，使照射范围较小，气氛更温馨一些。

解决方案 2
将个性的单头吊灯，安装在床的两侧

适合卧室用的单头吊灯需要比较长的线，使灯头位于床头的两侧较佳。

设计特点 墙面安装壁灯需要提前走线，如果不方便做大的改动，可以用单头吊灯搭配主灯来做补光，烘托气氛。在必要时，可以从顶部走明线，也是一种个性和风格。

← 两盏不同大小的羽毛吊灯，安装在了床头的一侧，比起两侧均衡的安装方式来说，更具个性。

← 床头靠墙一侧使用了梯形储物架，在顶面没有特别走线的情况下，用灯头插在插座上充当吊灯，非常具有工业感。

解决方案 **3**

别具情趣的小串灯或暗藏灯带，挂在墙面或藏在床底

串灯造型很多，比起其他灯具来说，它主要起到的是装饰性的作用。

设计特点　串灯安装在床头或窗子附近的位置上，无论是白天还是夜晚，都是很好的烘托氛围的装饰。如果床底边沿有合适的位置，也可以用暗藏灯带来烘托氛围。

➡ 一幅彩色的地图搭配一圈围绕着它的串灯，就组成了床头背景，具有小清新的气质。

➡ 在地台式的床或木质床下方，安装一条暗藏灯带，可以烘托氛围，增添温馨感。

状况二

空白的床头背景墙，缺乏趣味性

⚙ 软装搭配问题分析

如果是对产权在自己手里的二手房进行改造，床头墙是可以做一些造型来丰富卧室装饰内容的。如果是租住的房子，很难对卧室墙面做大的改动，特别是在墙面漆比较干净的情况下，显然难以进行贴壁纸等改造方式，但如果不做任何改动，尤其是在四面墙都是白色的情况下，即使搭配了漂亮的床品和窗帘，也会让人感觉空荡荡缺点东西，缺乏趣味性和温馨感。

软装搭配"微"讲堂

小卧室的床头设计不宜过于复杂

当卧室的面积比较小的时候，床头背景墙的设计就不宜太复杂，做许多的造型容易让空间看起来更拥挤，而保留大白墙却缺乏人情味和趣味性，不符合卧室的功能性，所以使用一些比较个性和方便移动的软装来装饰床头墙是最合适的做法。

解决方案 1
用装饰画让墙面变得丰富最简便

卧室内使用的装饰画，画面不宜过于夸张，色彩活泼的款式适合做点缀使用。

 用装饰画来装饰床头墙是最简便但却最灵活的装饰方法，可以悬挂，也可以安装一个隔板，将装饰画摆放在上面。

↑ 全部都是无色系的卧室有些过于素净，所以在用装饰画组合装饰床头墙时，加入了一幅黄色的画作，来调节氛围。

← 床头部分安装了一块与墙面同色的隔板，摆放一组高低组合的装饰画，搭配彩色装饰线，清新而不乏活泼感。

解决方案 **2**

别样挂饰装饰墙面，塑造个性十足的私密空间

布艺画、壁挂等是较为常规的床头挂饰，想要个性一些还可以使用草编垫等作为装饰。

设计特点 想要在缺少造型的床头墙上加入一些柔和的感觉，就可以使用一些别样的挂饰，不需要大动干戈地大面积打孔，就可以装饰出个性十足的卧室。

➡ 一张带有金色亮片的米色壁毯，为白色为主的卧室增添了低调的华丽感和一些柔和感。

➡ 用四个圆形的棕色草编织品，悬挂在床头做装饰，为简约的卧室带来了些许自然韵味和淳朴感。

解决方案 3
用造型别致的床头，装饰背景墙

床头包括有两个种类，一种是带有靠背板的，另一种没有靠背板直接在墙面固定。

设计特点 当改造房中的床头比较旧或者没有床头的时候，采用别致的床头搭配彩色墙面漆或素色壁纸，就可以打造出非常漂亮的床头背景墙。

← 红色丝绒材质的床头板搭配米黄色墙漆，简洁却具有强烈的妩媚气质，很适合女性。

← 手指造型的床头粘贴在墙壁上后，即有了趣味的床头墙，又可以让人有了可以依靠的位置，兼具装饰性和实用性。

解决方案 4

自带柔和感的床幔，为卧室增加温馨氛围

床幔的款式宜根据床的造型来选择，没有床柱的床适合采用圆顶的款式。

 设计特点　喜欢朦胧、浪漫一些的卧室氛围，就可以用床幔将床头或整张床覆盖起来，在床幔的笼罩下，即使是大白墙，也会显得很柔和。

⬆ 圆顶床幔在大多数人的印象中都是女性卧室使用的，实际上，只要选对了色彩和质感，男性卧室也是可以使用的，如本案中的灰色麻质床幔，就很适合男性卧室使用。

解决方案 5
将大型植物放在床边，用绿意代替传统背景墙

如琴叶榕、天堂鸟、鹤望兰、旅人蕉、龟背竹等大型的植物，都可以放在卧室中。

设计特点 大型的植物与白色的床头墙搭配起来冲击力最强，适合放在靠窗的一侧，能够为居室来带浓郁的自然韵味。

← 卧室面积较小，所以顶面、墙面甚至是家具都以白色为主，为了避免冷清，在靠窗一侧摆放了一盆大型植物，与白色墙面形成强烈的视觉冲击力。

状况三

儿童房墙面太素净，压抑孩子活泼天性

⚙ 软装搭配问题分析

　　儿童的天性多是活泼、好动的，特别是8岁以下的孩童，他们非常喜欢色彩活泼、可爱的东西。如果预计做儿童房的房间内墙、顶全部都是白色，没有任何色彩或装饰，很容易压抑孩子的天性。建议用作儿童房的房间内尽量装饰得活泼一些，改造时并不需要在墙面做造型，而可以完全靠后期软装来塑造出符合儿童性别和年龄特点的居住乐园。

软装搭配 "微" 讲堂

用软装体现童趣更方便随着儿童年龄增长而做改变

　　孩子是在不断长大的，当度过儿童时期成长为青少年后，就有了自己独立的审美和喜好，所以在儿童时期，尽量不做墙面的造型，用色彩明亮一些的布艺、家具或灯具等来装扮卧室，极容易获得符合其年龄特点的装饰效果，又便于随着年龄而做改变。

解决方案 1
使用童趣的壁贴或者壁纸，表现孩子天性

壁纸或壁贴是覆盖原有墙面的最快捷方式，卡通图案的款式非常适合儿童。

设计特点 当儿童房的墙面色彩过于素净时，可以选择用符合孩子年龄特点的壁纸或壁贴来进行装饰，让孩子具有归属感并感觉到快乐。

↑ 墙面整体采用了一幅森林小屋图案的壁纸画来装饰，搭配绿色船型造型的儿童床和具有淳朴感的原木桌椅，使人犹如来到了森林之中，让孩子感到开怀、欢畅。

↑ 彩色的气球图案为卧室增添了十足的活泼感，在蓝色的映衬下这种活泼感非常强烈，但色彩的色调选择得比较深，所以久视也不会让人感到刺激，可以保护孩子的眼睛。

解决方案 2
用窗帘、床品等布艺来增添活跃的气氛

儿童房中的布艺可以选择一些带有撞色设计的卡通图案，来表现儿童的活泼、天真。

设计特点 布艺更换起来非常方便，如果墙面的设计比较简单，就可以用活泼款式的布艺来表现儿童的特点，随着孩子不断地成长，还可以逐渐地更换为更成熟一些的花色。

⬆ 这是一个女孩房，墙面和床品的色彩都比较温柔，而窗帘则选择了相对较活泼的撞色卡通款式，充分彰显出女孩混合了温柔和活泼的纯真。

➡ 墙面使用了灰色，家具也以棕色系为主，略显成熟，所以床品选择了条纹图案撞色的款式，来表现年龄较大一些的男孩的特点。

解决方案 3
造型奇特、色彩活泼的家具，为儿童房增添色彩

造型奇特、色彩活泼的家具适合年龄比较小的孩童，能够让他们更喜爱独自睡眠。

设计特点　若喜欢素净的窗帘，墙面也无法使用壁纸、壁贴来装饰，选购一款专为儿童设计的彩色家具也可以表现出儿童的天性，例如卡通图案的收纳架、车子造型的床等。

← 红、蓝、白组合的小家具搭配同样配色的地毯，让原本温馨的环境变得活泼起来。

↓ 儿童房中床头的造型好似积木组成的城堡，搭配蓝天白云图案的墙面，让人犹如来到了童话世界。

状况四

小而窄的卧室，无处收纳物品

⚙ 软装搭配问题分析

卧室不仅要满足睡眠的需求，还应该有一定的收纳空间，来存放一些常用的衣物、物品等。当然，如果是超大的户型，在空间比较充足的情况下，单独设计一个更衣间，卧室内就不需要储物。但实际上，大多数人们还是居住在中小户型中，特别是年轻一族，租屋或者一居室中的卧室通常面积都不会太大，往往只能放一下小的衣柜，甚至无处摆放常规性的衣柜，物品收纳就让人变得很头疼。

软装搭配 "微" 讲堂

小卧室储物可利用边角和立面空间式的收纳家具

小卧室内可能只能摆放一个小衣柜，甚至摆放衣柜的位置都没有，这时候可以利用卧室中一些边角以及立面墙壁的上半部分或者门口等位置，用吊柜、可移动储物架等来做收纳，觉得直接让衣物开敞不够卫生和美观，还可以给它加一层帘幕。

解决方案 **1**
在边角部位使用可移动小家具，美观又实用

可移动的收纳小家具可以随意改变位置，充分地利用卧室内的边角位置。

设计特点 卧室中除了大面积的墙面位置外，还是有一些角落或不宽敞的空位是可以利用起来的，利用可以移动的小家具来填充这些位置，就可以增加收纳量。

← 在卧室角落的位置摆放一个直立式的衣帽架，占地面积小，可以用来收纳一些近期穿戴的衣物。

← 卧室面积非常小，用一个梯形的收纳架来代替床头柜，增加了储物量，也为衣架的摆放提供了更宽敞的位置。

解决方案 2
利用床或床周围的空间，整体设计储物空间

有很多床下方、侧面或者床头都是可以储物的，还可以用定制的方式来利用空间。

设计特点 床或床周围的空间，还是有一些位置可以利用的，例如床头、床的下方或周围，可以采取定制家具的方式来利用这些位置，能够增加卧室内的储物空间。

➡ 设计师将床周围顶、侧墙、下方的位置全部利用起来，做成了储物空间，这种方式非常适合一居室的小户型。

➡ 用比较薄的柜体将床头包裹进去，也可以增加卧室内的储物空间，柜体无须太厚，否则容易让人感觉憋闷。

解决方案 3
利用上方或窗边等容易被忽视的位置，增加收纳量

还有一些小卧室中，可以在顶面使用吊柜、窗边使用地柜等方式来增加收纳量。

设计特点 即使是小卧室，只要仔细观察，也可以发现一些可以用来做收纳空间的位置，利用墙的上方、窗边等，定制一些柜体花费不多，却能让卧室变得更整洁。

← 卧室宽度非常窄，床对面没有办法做整体式的衣柜，业主巧妙地利用了上方的位置做了一排吊柜，来增加储物量。

← 如果卧室内是落地窗，或没有窗台，窗下也是可以利用的一块位置，做一排地柜既能储物又能用来坐卧。

状况五

超小户型，卧室与公共区共用，隐私性差

⚙ 软装搭配问题分析

现在有很多 MINI 户型，除了卫浴间外，客厅、餐厅甚至是厨房，均位于一个大的开敞空间中，且长条形的布局较多，这就导致了，当人们位于门口时，可以对室内的布置和活动一览无遗，当有客人来访或家里有人出入打开大门楼道里有人时，让室内的人没有任何缓冲空间，很容易造成尴尬的情况。特别是卧室区，若没有与公共区用布置来做一些遮挡，会让人非常没有安全感。

软装搭配"微"讲堂

卧室私密性好一些可以让人感觉更安全

卧室是对私密性要求很高的功能区，它是独属于使用者的私人空间，人们在卧室内活动时比较放松，穿衣也可能比较随意，所以如果是一居室的小户型内，如果家里会经常有客人或者住在人流密集的楼房中，还是建议将卧室做一些遮挡，可以让使用者在心理上感觉更安全。

解决方案 **1**
用家具做软性分区或使用翻板床，满足实用性

带有推拉门的矮柜、格子储物柜都可以用来做沙发和床之间的隔断。

设计特点 沙发和床之间如果有位置，就可以使用一个推拉门的家具或格子储物柜来做分隔，高度能够将床遮挡住即可；或者使用翻板床，在白天将床隐藏起来，保护隐私。

↑ 在客厅与餐厅之间的空位部分安装一张翻板床，白天可以将床隐藏起来，充分保护了隐私。

➡ 沙发区和卧室区之间采用了一个柜体做隔断，从门口的位置上，完全看不到床，给人以充分的安全感。

解决方案 **2**
使用隔断，对区域进行简单划分

可以做隔断的软装包括屏风、储物架等，还可以自己动手制作一个小隔断。

设计特点　隔断能够将两部分空间分隔开，使用时可以根据房间的高度来选择款式和造型。如果自己有能力，还可以 DIY 制作。

➡ 业主用高度较低的隔断和地毯做分区，分隔开了客厅和卧室空间，同时隔断还兼做床头，一物多用，充分利用空间的每一寸面积。

解决方案 3
用柔软的帘幕，划分区域并增添柔和感

帘幕的材质非常多样化，例如金属、竹草、纱、棉麻等，可以根据居室风格来选择。

设计特点 基本不占地面面积又能够分隔空间的软装，非帘幕莫属，它只需要在顶面设计一个悬挂的位置，就可以完成隔断的工作，同时还可增加卧室内的温馨感。

← 本案中的床被做成了箱式造型，悬挂一个帘幕可以很好地将其隐藏，使整体居室显得更利落。

↓ 客厅和卧室之间需要一个电视墙，设计师将其做成了镂空隔断，以保证采光，但不能保证卧室的隐私，所以又增加了一层帘幕。

状况六

床头老旧还硬邦邦，难看又难用

✿ 软装搭配问题分析

　　有些时候，可以遇到床的框架比较完好，只有床头板的部分有一些缺陷的床，框架部分可以依靠床品来遮盖，但是床头表面有缺陷，或者很老旧，用起来还硬邦邦，即使更换了漂亮的床品，搭配这样的床头也严重影响整体效果。从节约资金的角度来考虑，更换整张床不仅浪费而且难以处理，为了省资金，最好是可以给床头做个软装方面的改造，让它美观起来。

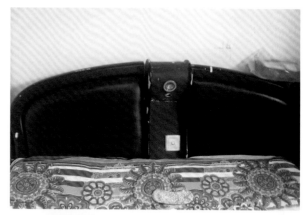

软装搭配 "微" 讲堂

床头不仅要美观还应舒适

　　改造房中床头墙的设计通常不会太华丽，欧式或法式类型的软包墙更是非常少见，人们在进入睡眠之前，通常会靠在床头进行一些休闲或者阅读活动，这时候多靠在床头上，所以床头板不仅要美观，更应该舒适，不仅是旧床使用时间较长床头较硬的实木床，也可以进行改造。

解决方案 **1**
使用布艺床头软包罩，迅速地为床头换装

床头软包罩是定制制作的，所以无须担心会套不进去，可供选择的款式和花色也很多。

设计特点 床头太老旧或者木质床头感觉过硬，都可以用床头软包罩将其包裹起来，它的后面是罩子形式的，可以为床头迅速换装。

← 经过床头软包罩的包裹后，床头焕然一新，搭配同类型的床品，让人感觉清新、唯美。

← 带有铆钉样式的灰色床头软包罩，具有欧式的风格，为卧室带来了一丝古典韵味。

解决方案 **2**

扔掉旧床头保留床体，用多个靠枕充当床头

这样组合的靠枕后方需要有两个高度较高宽度较大的款式，才能代替床头。

 设计特点　如果墙面改造后比较美观、整洁，可以将破损较严重的老旧床头丢弃，而后直接用宽大的靠枕靠在墙上，前面再叠加枕头和靠枕作为床头，整体感觉会更柔软、美观。

↑ 淡蓝色和棕色组合的靠枕代替床头，搭配一幅简约风的装饰画，显得十分雅致。

← 床品和装饰画的组合都采用了花朵图案，给人以花团锦簇的感觉。用与床单同花色的宽大靠枕取代床头，让人感觉美观又舒适。

解决方案 3

简单处理后，用床头整体靠枕覆盖床头

整体靠枕大部分是三角形的，也有一些等宽的款式，但三角形的更适合倚靠。

设计特点 整体靠枕的面积较大，如果床头不是很脏，只是颜色比较过时，就可以用它来将床头掩盖起来，还能够为原有的床头增加舒适感。

➡ 蓝白格子的床头整体靠枕，带有清新感，适合男性也适合女性。

➡ 彩色条纹图案的床头整体靠枕，带有活泼、开朗的韵味，能够为卧室增添活力。

状况七

老旧的衣柜，款式过时，表面发黄、磨损

⚙ 软装搭配问题分析

年代比较久一点的衣柜，污染物会少很多或者已经完全排空，但是也存在一些显而易见的缺点，或是款式比较老旧颜色较深，与现代人的审美不符；或者表面因为时间较长，出现一些划痕、破损等情况，衣柜内部和抽屉里层可能会存在难以去除的污渍等。但是由于衣柜的体积较大不会随便搬动，且在卧室中人流少，所以从框架上来看，损伤较少或只有轻微的划痕、表面发黄等情况，完全可以将其翻新再次利用起来。

软装搭配 "微" 讲堂

小卧室中，衣柜款式是次要的，色彩和纹理较为主要

在面积比较小的卧室中，衣柜的尺寸也会小一些，甚至有些直接是使用壁柜的。这时候，衣柜的款式对整体的影响不大，重要的是色彩和纹理，如果对衣柜进行改造，宜注意选择与其他软装搭配协调的色彩和纹理，或者选择最百搭的白色或灰色，不容易出错。

◉ 解决方案 **1**

使用家具翻新贴纸，迅速翻新衣柜

家具翻新贴纸的花纹有很多选择，有纯色、木纹、暗纹、大理石纹等。

🏠 设计特点 使用家具翻新贴纸来改造旧衣柜，无须刷漆，将基层简单地处理干净，将它粘在上面就可以轻松完成翻新，包括内部的隔板也可以粘贴。

← 用带有光泽感的白色翻新贴纸，粘贴衣柜表面，使卧室显得整洁、宽敞。

← 将窄条的彩色玻璃与白色翻新贴纸组合，衣柜显得简约而大气。

解决方案 2
巧用黑板贴，将衣柜门变成一块记录板

黑板贴虽然叫黑板贴却有黑、绿、白三种颜色，其中黑色的使用感会更好一些。

设计特点 黑板贴上面可以 DIY 书写艺术字体、绘画或者记录日常，是非常个性化的材料，用它来翻新衣柜表面，很适合年轻人。

↑ 衣柜推拉门一侧使用黑白贴，另一侧使用拼色设计的贴纸，简约而具有纯净感，具有浓郁的北欧风情。

➡ 儿童房内的衣柜，使用黑白贴来翻新，可以让他们有一个随意写、画的平面。

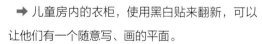

解决方案 3
用全年龄卡通贴纸改装衣柜门，为卧室增添趣味

卡通贴纸有局部式的也有整体式的，可以直接粘贴在柜体表面，不能用于内部。

设计特点 具有童趣的卡通贴，能够为成人的卧室增添一些趣味性，注意图案的选择，就不会显得幼稚。只需要处理一下衣柜门的表面就可以使用。

➡ 这是一组具有非常美好意义的图案的衣柜贴纸，为简约的卧室增添了童话般的浪漫氛围。

➡ 上方均为中灰色，卡通猫的形象则集中在下方，即使是男士使用也不会让人觉得突兀。

状况八

布艺之间的配色无章法，视觉效果突兀

⚙ 软装搭配问题分析

数年前的精装修卧室，如今看起来显得十分老气。主要原因在于空间整体配色或过于暗淡或过于暗沉，上图用米色的床单搭配棕褐色的床巾，为居室奠定了沉重的基调，就算用蓝色的窗帘作为跳色，也于事无补，相反却造成了卧室布艺配色没有章法可循的问题；下图窗帘与床品都是条纹，但色彩之间没有呼应，让人感觉非常杂乱。

软装搭配 "微" 讲堂

卧室布艺配色要以床品为中心色

卧室除了顶、墙、地三大面的色彩（主题色），最抢人眼目的色彩，即是床品（中心色）。在进行卧室布艺配色时，首先要确定床品的色彩，之后再确定其他织物的色彩，不同布艺之间的配色要有所呼应，并且全部织物最好采用同一种图案。

解决方案 1

用对比色 / 互补色提亮卧室

在色相冷暖相反的情况下，将一个色相作为基色，120°角位置上的色相为其对比色。

对比色 ■ ■

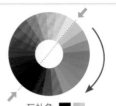

以一个颜色为基色，与其成 180° 直线上的色相为其互补色。

互补色 ■ ■

设计特点 具有强烈的视觉冲击力，属于开放型配色，能够营造出具有活力感、健康、华丽的空间氛围。对比色相对于互补色的配色效果更缓和一些。

↑ 女孩房的床品以蓝色为主色，窗帘则为大面积的玫红色，对比色的搭配，显得活力十足。为了避免配色过于跳跃，窗帘的帘头运用了少量蓝色，抱枕则拥有少量玫红色，既有对比，又有呼应，使空间配色具有了稳定感。

← 床品为大面积的橘色，其他布艺运用蓝色（补色）进行搭配。同时，窗帘无论色彩，还是花型均与睡床上的抱枕形成呼应。整个卧室的软装配色鲜艳、有序。

○ **解决方案 2**
将杂乱色彩改为同相色或邻近色，增加文雅感

同一色彩中，不同明度或纯度的色彩，称为同相色，例如深绿色、浅绿色、暗绿色等。

同相色 ■ ■ ■

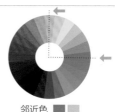

与任意一个色彩成90°角位置上的色相，都为其邻近色。

邻近色 ■ ■ ■

🏠 **设计特点** 视觉效果平和、内敛，属于闭锁型的配色，能够营造出稳定、文雅、统一的空间氛围。其中邻近色的效果要比同相色更活泼一些。

↑ 蓝色和绿色属于邻近色，用这两种色彩组成的床品和窗帘装饰卧室，平和中带有层次感，清新而不冷清。

➡ 床品和地毯全部使用了棕色系，不同明度的棕色系组合起来非常醇厚、内敛。

解决方案 3
选定一种色彩，用重复性融合增添协调感

重复性融合不适合用在大面积的软装上，大、小面积组合应用感觉会更舒适。

设计特点 重复性融合是指一种颜色重复地出现在空间中的各个位置上，来营造统一的感觉。当卧室内一种软装的色彩感觉特别突兀时，就可以采取这种方式来强化整体感。

← 黄色非常明亮，所以特别引人注意，为了让黄色的床品看起来不显得突兀，墙面加入了一幅同色装饰画来实现融合。

← 红色重复性地出现在窗帘、灯具、靠枕、装饰画和地毯上，为原有素净的卧室增添了一些喜庆的感觉，因为出现的位置较多，所以整体感很强。

状况九

卧室窗帘陈旧又掉灰，影响健康和心情

⚙ 软装搭配问题分析

花色过时、观感非常老旧又满布灰尘的窗帘，是大多数需要进行改造的旧房中的标配，如图中所示，卧室内的窗帘花色自带老旧感，质地也非常厚重，总是感觉不整洁。窗帘的质量不仅关系到卧室整体的美观程度，更关系到居住者的身体健康，众所周知，布料很容易产生尘螨，老旧的窗帘上带有数量多到难以估算的尘螨，非常可怕，所以必须进行更换。

软装搭配 "微" 讲堂

窗帘的花色与床品相呼应，最容易获得统一感

卧室窗帘的面积是比较大的，在选购窗帘时，不对应相应的场景很容易出现搭配不协调的问题，所以不建议看到好看的花色就买下来。如果没有十足的搭配经验，纯色的窗帘是比较稳妥的选择，如果选择带有图案的款式，在色彩或花型上，能与床品呼应更容易获得统一感。

解决方案 **1**
使用可调节角度的百叶帘或柔纱帘装扮简约风卧室

百叶帘是比较常规的窗帘，而柔纱帘是比较新颖的一种，功能与百叶帘相同，但更柔软。

设计特点 百叶帘和柔纱帘清理起来都比较容易，百叶帘调节角度后中间会出现空隙，而柔纱帘调节角度后中间出现的是白纱，都非常适合用于小卧室。

← 卧室中地面整个做成了地台的形式，且墙面整体粘贴了壁纸，在这种情况下，使用百叶帘能够让墙面花纹全部显露出来，竖向比例上感观也更舒适。

← 用白色的百叶帘搭配白色的墙面和床品，显得卧室更明亮、宽敞。

● 解决方案 2

大幅面双层平开帘，保证睡眠质量

大幅面的双层平开帘，适合窗子面积较大或者卧室带有阳台的户型。

■ 设计特点 双层平开帘能够满足不同时间的使用需求，白天可以用纱帘遮挡一部分阳光，却不会显得昏暗，夜晚则可以两侧都使用，创造静谧的睡眠环境。

← 大地色与白色组合的双层帘为卧室增添了一些亲切的感觉，同时色彩组合与桌子呼应，强化了不同软装之间的联系。

↓ 卧室带有阳台，使用双层帘能够更好地遮挡光线，色彩的选择上与床头呼应，实现了重复性的融合。

解决方案 3

多组小窗使用罗马帘，具有轻盈、灵动的气质

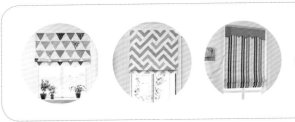

罗马帘也叫升降帘，靠绳子的上下拉动来实现窗帘的开合。

 **设计特点**　有的卧室内会有窄而小的窗子，甚至可能不止一个，这种情况下就非常适合使用罗马帘，白天可以不用全部收起，作为装饰存在。

➡ 卧室内有两面小窗，设计师选择使用两幅红色罗马帘做装饰，与蓝色墙面组合，进一步强化了室内配色的张力。

➡ 卧室内的窗是斜向的，为了弱化这种布局，窗帘使用了与墙面同色的白色罗马帘。

状况十

小卧室内有飘窗，不知怎么利用感觉好可惜

⚙ 软装搭配问题分析

　　飘窗是很多人决定租住与否的一个关键条件，可能这个卧室的面积很小，其他的部分都不是特别令人满意，比如墙皮脱落严重、家具不全、空间过小等，但是只要带有一个飘窗，其他方面就有了解决的力量，一切都能够变得更好。飘窗是突出去的，并且有一个较宽的台面，还可以自行加宽。但在很多时候，飘窗都被居住者浪费掉了，仅仅简单地摆放一点饰品，这对小卧室来说，简直是暴殄天物，利用软装可以让飘窗有很多用途，为小卧室提供更多的可能。

软装搭配 "微" 讲堂

飘窗的软装风格宜与卧室内其他部分相呼应

　　飘窗位于卧室中光线比较集中的位置上，如果使用的软装比较多，就会非常引人注意，所以建议在选择软装的色彩和纹理时，宜与卧室内其他部分的软装风格相同或者相协调，如果使用的色彩杂乱无章或者风格相组合不协调，不仅不美观反而会影响整体效果。

解决方案 **1**

利用各种布艺，将飘窗变成休闲角

飘窗可以使用的布艺有窗帘、飘窗垫以及靠枕等，使用多个靠枕时可选择不同造型。

设计特点 当卧室的面积有限还想要有一个可以坐的位置时，可以将飘窗利用起来，用各种布艺包裹，充当沙发，便能在充足的阳光下，享受休闲时光。

← 因为飘窗长度较短，所以布艺以蓝色和白色为主，让这里看起来更清新、宽敞，加入一个黄色靠枕，活跃了氛围，又不会显得过于火热。

↓ 飘窗的长度较长，所以在摆放靠枕时，两侧采取了对称式的布局形式，中间摆放茶桌，以减短视觉上的长度感。

解决方案 2
有学习工作需求，可定制书桌和书柜

卧室内需要兼具一些工作或学习作用的家具，但面积不足时，可以定制飘窗桌。

设计特点 将飘窗的台面和两边利用起来，可以制作成书桌及书柜，让卧室和书房功能合二为一，很适合小户型。

↑ 飘窗两侧的位置被利用起来，下方做成柜子上方做成搁架，用来摆放书籍，沿着窗台的走向设计搭建一个桌子后，一个学习区就诞生了。

→ 设计师将床头柜、学习桌以及书柜做成了一体式的设计，结合飘窗的台面并以转角的形式延续到了另一侧，充分提高了小卧室的利用率。

解决方案 3
非常规榻榻米床，既能睡眠又能休闲

榻榻米不仅可以用来休闲，还能够充当床铺，而与飘窗结合后，会显得更加宽敞。

设计特点 有飘窗的小卧室，想要预留出一些空间安排一些其他家具时，就可以沿着窗台的高度制作榻榻米，即可充当床铺又可用于休闲。

← 榻榻米的高度与窗台持平，比起普通的双人床来说，靠窗的位置无须留空余，外侧的空间就更多一些，可以布置一些其他的家具。

解疑！

卧室软装搭配常见问题 Q&A

Q：卧室内的家具对高度有要求吗？

A： 卧室是所有家居空间中最为私密的，应满足睡眠和储物需求，一般来讲，卧室的家具应以低、矮、平、直为主，除了衣柜中的顶柜外，悬挂、存储衣物的柜子高度最好控制在 2 米以下。

Q：怎样布置卧室内的家具才能既美观又舒适？

A： 摆放卧室内的家具时，具体的布置方式取决于房门与窗的位置，以能够体现出温馨的气氛，又要能够保证动线的流畅为宜。床是软装的中心，人站在门外时不能够直视到床上的物品是最佳的，同时，如果床能够与窗平行是最合适的。衣柜和梳妆台可以放在床的一侧也可以放在床头的对面，具体情况根据卧室面积而定。

Q：家里有儿童，适合选择什么样的家具？

A： 儿童处于生长发育阶段，为其选择的床铺宜柔软舒适一些。所有的家具尽量避免有尖锐的棱角，如果是圆弧边角的最佳，可以避免磕碰，款式可以可爱、颜色可以鲜艳一些。高低床或子母床就非常适合儿童，不仅可以睡眠，还能储物、娱乐，很符合儿童的年龄特点，材料方面应特别关注环保指数，对比来说实木材料的更环保，例如原色松木。

Q：卧室窗帘与客厅窗帘的选购有哪些区别？

A： 卧室窗帘相对于客厅窗帘，更注重隔音性和遮光性。常以窗纱配布帘的双层面料组合为多，一来隔音，二来遮光效果好，同时色彩丰富的窗纱会将窗帘映衬得更加柔美、温馨。此外，还可以选择遮光布，良好的遮光效果可以令家人拥有一个绝佳的睡眠环境。

Q：卧室床品是重美观度，还是重实用性？

A： 卧室床品除了需要满足基本的美观要求外，更注重其舒适度。舒适度主要取决于采用的面料。

好的面料应该兼具高撕裂强度、耐磨性、吸湿性和良好的手感，另外，缩水率应该控制在 1% 之内。

Q：床品的花色选择有什么建议？

A：床品是卧室内的主要布艺软装，占据着视线中心点的位置，它的花色对卧室整体装饰效果有着主导作用。根据家居主体风格来选择合适的床品，更容易获得协调的效果，例如纯色适合北欧或简约卧室，碎花、格子等适合田园卧室等。在保持整体风格不变的基础上，还可以根据不同的季节，更换床品的色彩，来调节心情。

Q：很喜欢窗幔，怎么挑选才能看起来舒适还不显得啰唆？

A：窗幔在卧室中使用的频率较低，但它绝对是卧室内软装的点睛之笔，可以增添情趣，烘托气氛，很适合年轻人。因为窗幔是从顶到底的装饰，占据面积较大，当卧室的面积不大时，建议选择轻柔的材质，且应与卧室内的其他装饰色调保持一致，造型上可以根据家居风格选择典型元素。

Q：卧室中不宜摆放哪些植物？

A：卧室内不适合摆放香味特别浓郁或带有毒素的植物，会影响睡眠甚至危害健康。

分类	概述
月季花	散发出的香味会使个别人闻后感到胸闷不适、憋气与呼吸困难
夜来香	在晚上能大量散发出强烈刺激嗅觉的微粒，高血压和心脏病患者容易感到头晕目眩，郁闷不适，甚至会使病情加重
郁金香	花朵中含有一种毒碱，如果与它接触过久，会加快毛发脱落
松柏类	散发出来的芳香气味对人体的肠胃有刺激作用，如闻之过久，不仅会影响人的食欲，而且会使孕妇感到心烦意乱，恶心欲吐，头晕目眩
黄花杜鹃	花朵散发出一种毒素，一旦误食，轻者会引起中毒，重者会引起休克，严重危害身体健康

厨卫
软装搭配要表达出一家人的生活品质

状况一

瓷砖泛黄、老旧，使空间显得暗淡、不整洁

⚙ 软装搭配问题分析

厨房和卫浴是家庭中湿气及油烟都比较严重的区域，瓷砖如果质量不过关，使用时间长了以后，很容易出现泛黄的情况，或者有一些难以去除的污渍、水渍，显得很老旧，因为瓷砖占据的面积比较大，当它出现一些缺陷后，很容易让整个空间显得暗淡、不整洁，影响心情、影响健康。

软装搭配 "微" 讲堂

尽量靠软装改装墙面，以减少不必要的工程

瓷砖褪色、发黄、开裂等现象十分影响装饰效果和心情，然而在改造时进行大面积的拆除是费事、费工又费钱的方式，特别是出租屋，这样进行改造即使房东允许，对于租住者来说也非常不划算。利用一些比较美观的软装来改造有缺陷的厨卫墙面，是最便利的方式。

解决方案 1
使用瓷砖翻新贴纸，为墙面换新颜

瓷砖翻新贴纸纹理种类较多，防水、防霉、防潮，方便擦洗，可以直接贴在瓷砖上。

设计特点　瓷砖翻新贴纸可以直接粘贴在原来的瓷砖上方，对其进行覆盖，很适合出租屋或不想花费太多金钱进行改造的业主。

➡ 使用木纹的翻新贴纸，覆盖原有瓷砖，并将台面也进行包裹，可以让厨房焕然一新。

➡ 觉得单色的贴纸比较单调，可以粘贴一些其他色彩的条纹，来进行调节，享受自己动手设计的乐趣。

状况二

餐、厨合一小户型，让人感觉好拥挤

⚙ 软装搭配问题分析

厨房面积小已经让人很难接受了，更痛苦的是，厨房面积小的同时没有独立的用餐空间，客厅也无处摆放餐桌，只能和厨房挤在一起，让难以转身的厨房更加的拥挤。这种情况常见于小户型房屋或者房龄较长的老房中，国人不太爱使用开敞式厨房，但是如果厨房太拥挤还是建议从结构上先进行改善，而后再选择合适的软装，进行整体式的改造。

软装搭配 "微" 讲堂

多使用一些多功能性的餐厅家具，解决餐厨合一问题

餐厨合一的户型，比较难以解决的是需要同时满足充足的操作空间和用餐空间需求，橱柜占据的位置比较多，必须满足洗、切、炒的程序，所以建议从用餐区上来考虑节约空间的问题，可以多使用一些多功能的家具，例如橱柜岛台、小吧台、折叠式餐桌等。

解决方案 **1**

厨房开敞后，用橱柜岛台兼做餐桌

兼做餐桌的岛台适合选择安装水池或电磁炉等部分，但不太合适安装燃气灶。

设计特点 小厨房开敞后，在一侧的橱柜不能满足使用需求的情况下，可以在厨房原有的墙面处加一组岛台，再摆放两张餐椅，既能够满足厨房的布局需求又有了用餐空间。

↑ 厨房开敞后，原有橱柜对面增加了一组岛台，炒菜区就有了安置的位置，同时充作餐台，充分提高了空间的利用率。

➡ 开敞式厨房靠一侧布置，将走道留在了中间，两组岛台呈二字形布置，水槽一侧同时做餐桌使用，满足了多种需求，很适合小户型。

解决方案 2
超小厨房用吧台代替餐桌，节约空间

岛台也放不下的厨房适合选择窄一些的吧台，可以放在厨房门口附近的位置。

设计特点　吧台比岛台更灵巧，宽度更窄，如果厨房面积非常小，即使开敞也不能同时摆放两组橱柜，可以考虑用吧台充当餐桌，下方如果有位置还可以做成收纳柜。

← 此案例中厨房旁边是楼梯，如果将吧台放在厨房外侧，会阻碍交通，使用不便，因此后移一部分，将吧台与楼梯平台结合，下方做镂空处理，不会显得厚重。

解决方案 3
使用小型餐桌或墙连桌，沿一侧使用，彰显宽敞感

小型方形、长条形或者墙连桌，都很适合用在餐厨合一的小厨房中。

设计特点

有一些厨房面积还算宽敞，无论开敞与否，都需要同时兼做餐厅，这时就适合选择小型餐桌靠一侧摆放。

← 折叠小餐桌靠厨房外侧摆放，为拉伸桌板留出了方便操作的空间，以便在人多的时候使用。

↓ 方形小餐桌搭配两张餐椅，靠墙放在厨房中，预留出了充足的空间给操作者，显得厨房很宽敞。

状况三

大多物品都放在灶台上，看起来乱糟糟

⚙ 软装搭配问题分析

这两个厨房其实都还算是小厨房中比较宽敞的类型，但是使用者没有很好地安排家具的布置及物品的收纳，所有的物品都摆放在灶台上，让厨房看起来非常乱，即使墙砖很整洁干净，也仍然让人感觉不整洁，可见收纳对于小厨房来说是非常重要的。

软装搭配"微"讲堂

有秩序的收纳能够让厨房看起来更整洁

无论厨房大还是小，有秩序的收纳都是非常重要的，物品随意地摆放，即使装饰得再美观，也会被破坏得一干二净。小厨房中，橱柜可以利用的空间是有限的，可以多使用一些隔板、架子式的软装，利用一切空白空间，使物品各归其位，台面上不留杂乱的物品，就会更整洁。

解决方案 **1**
使用墙面或站立式收纳架，让厨房更整洁

墙面收纳架适合放在吊柜和地柜中间的位置上，站立式收纳架则适合放在空位。

设计特点　厨房中通常会有一些空余的位置，例如角落、墙面，这些位置可以使用各种款式的收纳架，充分地利用起来存储常用厨房用品。

⬆ 这个厨房的面积很小，但居住者仍利用起了窗下的位置，用两个白色的站立式收纳架摆放在这里增加收纳量，但物品的摆放非常规律，并搭配了很好看的布艺，让它们成了厨房的亮点。

⬆ 吊柜和地柜之间的墙面还有一些空白的部分，居住者将这块空白区域利用起来，用墙面收纳架来收纳杯子、勺子等容易让厨房显得混乱的餐具，使其成了厨房中最和谐的装饰品。

解决方案 2

使用夹缝收纳架，充分利用边角空间

夹缝收纳架的宽度较窄，自带滚轮可推拉，适合放在橱柜、冰箱的夹缝处。

设计特点 厨房中总是有一些宽度较窄的缝隙是难以利用的，这时候可以使用夹缝收纳架，它的宽度很窄，款式较多，既可以放瓶器也可以放其他杂物。

➡ 在冰箱与烤箱之间的缝隙处，使用一个夹缝收纳架来收纳一些酒品、调料等，可以充分地利用不好布置的缝隙位置，来扩大厨房的收纳量。

解决方案 ③

利用橱柜边角或墙面空余位置，用隔板增加收纳量

隔板是一种使用非常灵活的储物家具，它可以灵活地利用厨房墙面的空间。

设计特点 当厨房墙面的位置有一些空余时，可以直接用隔板布置这块位置，隔板安装简单，长度可以根据宽度定制，使用起来非常方便。

← 在 L 形布局的厨房中，转角处水池有一部分空白的墙面，居住者在这里安装了两块隔板，就又增加了一块储物区域。

← 吊柜和地柜中间，使用了隔板来增加储物量，可以摆放一些比较美观的瓶装调料和杯子，以起到美化厨房的作用。

状况四

卫浴的收纳空间不足，洗漱用品无处安放

⚙ 软装搭配问题分析

卫浴间内通常会有许多的瓶瓶罐罐，如果没有合理的位置来安排它们，只能摆放在洗手台、马桶水箱等处，让人一眼就可以扫视到，感觉乱乱的。特别是在小卫浴间中，可能一些大瓶的洗漱用品甚至还会摆在地面上，不仅不美观，还容易有绊倒的危险，非常让人头疼，而卫浴间恰恰是能够体现一个人生活品位的地方，整齐的收纳、布置才能让人有良好的印象。

软装搭配 "微" 讲堂

小卫浴适合多使用一些高层的收纳家具

当卫浴间的面积比较小时，就非常适合使用一些竖向比较高的收纳家具来增加卫浴间的收纳量，比如5～6层宽度较窄的收纳车、角落式高层数的架子等，此类收纳家具宽度窄、高度高，给人"瘦长"的感觉，不显拥挤，彰显宽敞感。

解决方案 1
利用靠墙位置以及面盆、浴缸上方，使用轻盈的收纳架

轻盈的收纳架移动起来比较方便，可以随时变换位置，使用很灵活且十分美观。

 设计特点 这些轻盈、易移动的收纳架，整体上给人轻盈的感觉，可以充分利用平时容易被忽略的位置，与被收纳的瓶瓶罐罐组合起来，只要精心搭配一下就可以称为一道风景。

➡ 本案例中浴缸斜向放置，所以窗边和一侧墙面都有一些空位，使用可以靠墙放置的收纳架来收纳洗浴用品和毛巾，让卫浴间看起来美观、整齐。

➡ 类似案例中的这种轻盈的多用架子，可以充分地利用洁面盆和浴缸上方的空间，存放毛巾、香皂等常用物品都是不错的，且让人感觉居住者非常富有情调。

解决方案 2
利用洗漱台、马桶上方等空间，来收纳物品

马桶专用储物架、吊柜、隔板等都可以充分地利用洗漱台及马桶上方的位置。

设计特点　卫浴间中，马桶和洗漱台的镜子上方通常是会有一些空余空间，如果卫浴间的面积很小，储物空间不足，可以将空余空间利用起来存储物品。

⬆ 浴室柜上方安装了镜面，而上方还有一些空白位置，业主将其利用起来，做成了与下方浴室柜相同颜色的吊柜，充分地利用了小卫浴间墙面的空余空间，增加了收纳量。

⬆ 马桶上方和镜箱之间的墙面部分有一些空余，将其利用起来使用玻璃隔板来存放一些精美的用品，不仅能够扩大卫浴间的储物量，这些物品同时还可以作为装饰品存在。

解决方案 3
利用空余墙面位置，让卫浴间变得更整齐

一些奇特的卫浴间中总是会有一些空位，可以用隔板将其利用起来，作为收纳空间。

 设计特点　需要包管道的位置、墙面带凹陷的位置、柱体旁边的位置等，有这些位置的卫浴间中通常也会有一些安装柜体的墙面位置，就可以用隔板来做收纳。

↑ 马桶旁边有一些空位，难以摆放洁具，居住者将其利用起来，安装了一列隔板，存放一些常用物品，美观又整齐。

← 这个卫浴间的墙面上有一块斜向的位置，居住者用定制弧度的隔板安装在这里，将难以利用的角落布置成了整齐的收纳角。

状况五

变形、有脏污的浴室柜，影响了卫浴间的整体美观度

✿ 软装搭配问题分析

如例图中的浴室柜，外表上的损伤不是很严重，但出现了一些变形，导致柜体合并不严密，把手有明显的缺陷，如果是在出租房内，应该算是保养得比较好的类型，此类的浴室柜没有太严重的外观缺陷，但给人的感觉很暗沉。如果破损不严重，简单地修理一下可以继续使用，从节约的角度来考虑，可以对其外表进行一些改造；如果浴室柜损伤较大，难以修理，可以用一些节省的办法，制作个性浴室柜。

软装搭配 "微" 讲堂

卫浴间中，浴室柜是软装主体

在卫浴间中，浴室柜属于必备的家具，占据的比例较大，所以外观对整体效果的影响也是巨大的。浴室柜适合沿一侧墙面放置，最佳位置是门开启方向的一侧，也可以根据实际情况进行调整。它的底部宜带有脚，或者直接悬吊起来，避免产生卫生死角。

解决方案 1

改变浴室柜外表的色彩，增加明亮感

通过粘贴贴纸、刷漆等方式可以为浴室柜换一个整洁的外衣，让浴室更明亮。

设计特点　当浴室柜框架和门体都比较完好，只是表面有一些损伤或污渍时，就可以简单地对其外表进行改造，如果喜欢彩色，还可以将原来的浴室柜换一种明亮的色彩。

⬆ 浴室柜的外层换成了黄绿色，搭配白色的洁具和柜门，使面积不大的卫浴间变得明亮起来，即使墙面和地面均为灰色系的瓷砖，也不会让人觉得暗沉。

⬆ 很多人可能认为使用明亮色彩的浴室柜会让卫浴间显得更拥挤，实际上，使用饱和度低一些的亮色，反而会转移人的视线，增加卫浴间的明亮感。

解决方案 **2**

卸掉柜门加隔板，改成开敞式的浴室柜，增加通透感

比起全封闭式的浴室柜，带有开敞隔板设计的浴室柜更具通透感。

设计特点 如果原有的浴室柜柜门部分损伤比较严重，可以将柜门卸下去，对内部进行一下翻新，而后加一些隔板，将其改成开敞式的设计，来增加通透感。

← 保留原有柜体完好的抽屉，去掉损伤较大的部分，浴室柜就变成了半开敞的款式，造型上更具层次感。

← 如果浴室柜损伤得很严重，可以将柜门全部卸掉，而后在里面再放置盒子，有开敞有封闭，可以分类收纳。

解决方案 3
用水泥砌筑浴室柜台面，下方使用隔板或安装柜门

用水泥砌筑浴室柜台面，下方可搭配隔板储物，外立面可以安装柜门也可用布帘。

 设计特点　在房屋的使用权比较自主的情况下，如果原来的浴室柜非常破旧无法使用，不妨使用水泥和瓷砖来砌筑台面，下方使用隔板储物。

➡ 洁面盆的台面采用了水泥和瓷砖来砌筑，台面部分和墙面使用了同款瓷砖，使小空间的整体性更强。下方使用了一个布帘做遮挡，装饰性更强，也显得更整洁。

解疑！Q

厨卫软装搭配常见问题 Q&A

Q：厨房和卫浴中包括哪些软装？

A：厨卫空间属于功能性较强的空间，属于生活必备，但使用的时间却并不长。很多人不清楚厨卫空间中，哪些属于软装，哪些不是。实际上洁具和电器等属于另一种划分办法，严格来讲并不属于软装。厨卫中的常用软装包括橱柜、餐桌椅、窗帘、浴室柜、浴帘、置物架、地垫、马桶套、镜子、绿植、花艺、餐具、灯具、装饰画等。

分类	概述
橱柜	橱柜有五种样式：一字形、L形、U形、岛形、二字形，可以结合厨房的大小来具体选择，通常来说中小型厨房适合采用一字形、L形和二字形
餐桌椅	餐桌椅并不是厨房中的必备家具，只有餐厨合一的户型中才需要，在小厨房中摆放时宜靠一侧，为交通预留空间
窗帘	厨房和卫浴间中的油烟和水汽都比较大，适合使用好清洗的材料，例如混纺或化纤材料。如果有遮光需求，可使用百叶帘
浴室柜	浴室柜的布置有两种形式，一种是单一面盆的，一种是双面盆的对称式，前者更适合小卫浴
浴帘	非必备型软装，适合无法完全做干湿分区的卫浴间，在花色的选择上宜与卫浴间其他部分的设计相协调，如墙面色彩
置物架	除了常规型的置物架外，厨卫空间中可以多使用一些可移动的或者能放在狭窄缝隙中的款式
地垫	在卫浴间中使用得较多，目的是防滑，花色可与地面相反，如果地面瓷砖色彩较丰富，可以选择素色的地垫，若地砖色彩较单调，可以选择适当加入彩色的款式

分类	概述
马桶套	马桶套的使用，可以进一步体现出居住者的生活品位，由于马桶上的细菌较多，所以建议选择容易打理的材质，款式不建议太复杂，否则容易让人感觉啰唆
镜子	镜子在卫浴间中不仅仅是用来让人洗脸、化妆的，它还具提亮空间、增加华丽感或时尚感的装饰作用，除了平面式的镜子外，还有镜箱，内部可以储物
绿植	厨卫空间适合摆放一些喜阴、具有净化空气作用的植物，如吊兰、绿萝、虎尾兰、常春藤、蕨类、椒草类等
花艺	厨卫空间的大小有限，所以花艺的造型宜简不宜繁，宜小不宜大，花材可以选择三色堇、雏菊、水仙、三色紫罗兰等
餐具	开敞式储物板、架或者带有玻璃门的橱柜，餐具能够被人们直接看到，建议选择美观一些的款式，它属于厨房中的一种较为重要的软装
灯具	厨卫空间中的灯具应防水、防油、防雾，厨房适合采用的灯具搭配为一个主灯，而后在操作区搭配局部光照；卫浴间适合采用一个主灯后搭配镜前灯或壁灯
装饰画	装饰画放在厨卫空间中时，不建议使用幅面太大的，画面的色彩应与墙面、地面等搭配协调

Q：厨卫空间中的软装设计应以什么为中心？

A：一个家庭空间中的软装布置中心，往往应该是这个空间内体积较大的家具，所以厨房中软装的设计中心应该是橱柜，而卫浴间内，软装设计的中心就是洗漱柜，但略有区别的是，因为卫浴间内物品的数量多、面积大，所以洗漱柜本身也应该与洁具相协调。

Q：厨房或卫浴间中，适合选择什么样式的装饰画？

A：在厨房或卫浴间中悬挂一幅装饰画，是非常能够体现居住者品位的，卫浴间最适合的位置是马桶上方，厨房则需要安排在比较空的墙面上。这两部分空间通常不会有太多墙面空位，一幅尺寸适中的装饰画就很合适，数量切忌过多，即使是小尺寸的过多也容易让人感觉零碎。画面和色彩可与家装整体风格相同，也可做一些变化，例如厨房可以选择食物或厨具题材的，卫浴间使用带有海洋元素的等，材料上选择耐油耐水的最佳。

玄关
可以用软装定位多种用途的小空间

状况一

鞋架小，鞋子多，就像"垃圾场"

⚙ 软装搭配问题分析

如右图所示，这是一个比较小的玄关，虽然门口能够放下鞋柜，但是因为尺寸的限制和制作的时间比较久远，内部的容量有限，而家里的人每一季常用的鞋子又比较多，没有位置摆放的情况下，只能放在门口，特别是家中来客人的时候，门口全部都是鞋子，进出非常困难，看起来就像一个垃圾场，非常影响美观性。

软装搭配"微"讲堂

收纳柜是小玄关中的软装主体

在大部分的小玄关中，能摆放的家具是有限的，但其中例如鞋柜或整体衣帽柜类的收纳柜是必不可少的，也是玄关中比较大件的家具，所以在布置玄关的软装时，建议将其作为主体来看待，其他的软装，宜与其风格或色彩组合起来看时有协调、舒适的感觉。

解决方案 **1**
使用翻板鞋柜或一体式鞋托来提高收纳量

在同等大小的情况下，内部使用翻板和鞋托，可以提高至少一倍的收纳量。

设计特点 如果原来的鞋架比较陈旧，可以直接选购新的鞋柜来替换，选择内部带有翻板设计的款式，能够存储更多的鞋子。如果原来鞋柜较完好，可以用鞋托来提高收纳量。

↑鞋托适合根部比较低矮的鞋子，可以将两只鞋叠起来存放，让鞋柜内显得更整齐。

←鞋柜虽然很小，但是设计非常人性化，一侧较高的分隔可以存放长筒靴，分隔较多的部分则使用了翻板，提高收纳量。

解决方案 2

使用带有储藏功能的换鞋凳，为多余鞋子安家

换鞋凳款式较多，有开放式的，也有封闭式的，可以根据空间大小选择尺寸。

设计特点 换鞋凳适用于除了鞋柜的位置外，还有位置可以放置换鞋凳的玄关，隔板式和翻板式的适合存放外出用鞋，若拖鞋较多，可以使用下图中带有储物箱的款式。

➡ 玄关比较宽敞，在空闲的部位，放置一个碎花布艺的换鞋凳，搭配一株绿植，增添了田园风情，美观又实用。

解决方案 **3**
利用墙面或鞋柜内空余空间，存放鞋子

墙面、柜体侧面、柜门内侧这些位置都可以利用一些收纳工具来增加存鞋量。

设计特点 可以利用一些材料在玄关空白墙面上，自己制作一面放置鞋子的收纳墙，也可以购买一些能够悬挂、存放鞋子的小物件，用于墙面、鞋柜侧面或柜门内部。

↑ 仿制商店的展架，用废弃的钢管交错排列，形成了一个开敞式的、可以悬挂高跟鞋的展墙，具有浓烈的工业风格，放在玄关能够为家居增添很强烈的个性。

↑ 将废旧的栅栏利用起来，就可以用来悬挂存储高跟鞋，栅栏并没有重新刷漆处理，而是保留了斑驳的感觉，与漂亮的鞋子形成了明显的对比，节约成本的同时也具有独特的装饰性。

状况二

进门就是一面大白墙，拉低家居整体"颜值"

⚙ 软装搭配问题分析

　　玄关通常采光都不会太好，为了让空间显得更明亮、宽敞一些，人们通常会选择将墙面涂刷成白色。白色虽然明亮，但如果全部都是一码白，很容易让人感觉单调、冷清，没有温馨的感觉，如果有一些造型会好一些，最怕的就是进门就面对一面大白墙，这会拉低家居的整体颜值。

软装搭配"微"讲堂

小玄关做装饰可将实用性和装饰性结合起来

　　玄关是家居空间的"脸面"，做一些符合整体风格的装饰，都能够让人从进门开始就拥有好的心情，有利于缓解一天的疲劳，感受到家的温馨。但小玄关的面积往往是非常有限的，因此可以在选择家具及装饰的时候将实用性和装饰性结合起来，放置一些个性的鞋柜、精美的穿衣镜等。

解决方案 **1**
安装装饰镜，扩大空间的同时还可整理仪容

玄关使用的穿衣镜建议选择壁挂的款式，比较节省空间，边框宜根据家居风格选择。

设计特点 在玄关使用一面装饰镜既可以在每天出门前整理一下仪容，又能够让空间显得更宽敞、明亮，兼具实用性和装饰性。

↑ 简约造型的装饰镜搭配一个三角形的收纳架，构成了玄关装饰的主体，彰显宽敞、明亮的效果。

← 在鞋柜和入户门的中间空位上安装一面装饰镜，使玄关空间显得更宽敞、时尚。

解决方案 2

用鞋柜、收纳柜搭配灯具、饰品等，为居室增色

玄关适合使用长吊线的单头或多头吊灯，以及符合家居风格特征的装饰品。

设计特点 以鞋柜为主体，在上方使用吊灯，而后搭配一些装饰画、花艺以及小饰品等来装饰玄关，这些装饰高低穿插组合后，就是一个具有艺术感的展示区。

⬆ 白色的鞋柜上方，搭配了北欧风格的吊灯、挂钟、装饰画及小饰品，色彩以黑白为主，让人从玄关就能感受到室内的整体风格。

➡ 在玄关使用了色彩丰富的灯具和饰品，但搭配的非常协调，使人感觉不到混乱反而具有一种艺术性，侧面彰显出了居住者的品位。

解决方案 **3**

使用彩色家具搭配小盆栽或花艺，塑造活泼氛围

如果玄关墙面色彩比较单调，也不喜欢在墙面做装饰，可以选择彩色家具。

设计特点 在玄关面积较小的情况下，无论是使用鞋柜还是整体柜，都可以选择彩色的款式；无论搭配白墙或浅色墙面，都非常具有视觉冲击力。

⬆ 玄关整体收纳柜选择了深绿色的款式，搭配白色顶面和棕色地板，具有复古感和田园气息，搭配一些带有红色花朵的盆栽，与绿色形成了具有高雅感的对比，提高了复古绿的视觉明度。

⬆ 将鞋柜的门板做成了多个色块拼接的样式，即使上方搭配的是白墙，也丝毫不让人感觉单调，反而将鞋柜的活泼感进一步放大。色彩的选择很有讲究，所以并不让人感觉喧闹、混乱。

状况三

收纳空间分类不细致，让人感觉乱糟糟

⚙ 软装搭配问题分析

这是一个房龄 15 年以上的老房，在当时属于精装修，玄关做了整体式的柜子，上边设计了挂衣钩，下方是鞋柜。现在看来，木头的纹理比较老旧，设计上不够人性化，分类不细致，雨伞和帽子无处放置，且挂衣钩的数量过少，不能满足多件衣服同时悬挂的需求，让人感觉整个玄关乱糟糟，不够整洁。

软装搭配 "微" 讲堂

物品种类繁多的情况下建议使用分类详细的收纳家具

当玄关需要存放的物品种类较多的时候，例如雨伞、帽子、大衣、钥匙、鞋子等，在用来收纳的家具分类不够细致的情况下，物品堆积在一起，就会显得整个空间非常杂乱。建议在设计玄关的家具前，先仔细思考一下需要放在玄关的物品种类，而后选择储物格分类较细致的款式。

解决方案 **1**
定制或自行组合分类细致的收纳家具，让空间更整齐

分类详细的家具可以定制，也可以自行组合，例如用鞋柜、衣帽架和雨伞架组合。

设计特点 在需要放置在玄关的常用物品较多的情况下，可以选择分类详细的家具，例如能够将靴子、鞋子、雨伞、钥匙、衣服、帽子等不同物品分格储存的类型。

⬆ 玄关柜下方是存放鞋子的柜体和抽屉，中间是放包和衣帽的位置，上方则可以摆放一些收纳盒，看起来整洁而又有层次感。

⬅ 从衣帽柜的外观可以看出，不同的储物格设计成了不同的高度和宽度，能够用来存储不同大小的物品，十分人性化。

解决方案 ②
做壁柜或整体薄型衣帽柜，将玄关所有物品覆盖起来

适合门旁宽度不大的户型，做整体薄柜可以将所有物品隐藏起来，显得更整洁。

 设计特点 薄形衣柜厚度小，不像其他衣柜那样让人感觉厚重，内部收纳衣物时可以安装挂钩悬挂保存，同时还能够存放其他物品，并全部隐藏，使玄关显得更利落。

➡ 入户门开启的方向墙面较宽敞，制作整体式的薄柜，可以增加收纳量，底部和顶部都做了留白处理，不会让人感觉压抑。

➡ 业主利用入户门一侧与转角的位置，做成了一个 L 形的整体衣帽柜，全部使用白色并在下方暗藏灯光，丝毫没有厚重感。

解决方案 **3**

地柜 + 吊柜，满足不同物品的存储需求

地柜加吊柜的设计方式，让中间有一个断档的空间，可以摆放一些饰品。

设计特点 有一些玄关中，如果做整体式的衣帽柜会让人觉得有些单调，这时候可以用吊柜组合地柜的方式来代替，中间空白部分可以加灯光并摆放装饰品，进一步美化玄关。

↑ 此案例中玄关的墙面比较宽敞，如果做成整体式的衣帽柜容易让人感觉拥堵，采取吊柜加地柜的造型，并留出一定空位，看起来会更舒适。

➡ 整面式的白色衣帽柜容易显得单调，所以中间断开，增加了灯光和一些小的装饰品。

状况四

只有一个鞋柜，浪费了"剧透"室内风格的好位置

⚙ 软装搭配问题分析

　　玄关因为面积比较小，所以很多人都是摆放一个鞋柜就完事了，鞋柜的上方或对面则留下了很多空白的墙面位置。其实这些空白的位置可以利用起来，它们是"剧透"室内整体风格的好位置，不需要装饰得太满，只要风格上能够靠近主题，就能够让人感受到室内装饰的整体走向，又不会让人感觉墙面太空旷。如果不喜欢太多的装饰品，选择几幅装饰画就能达到装饰的效果。

软装搭配"微"讲堂

玄关装饰画墙的设计不宜过满

　　玄关的墙面通常面积比较小，如果用悬挂装饰画的方式来装饰墙面，画面的尺寸不宜选择太大的。对称式的悬挂，装饰画的上沿与入户门上沿持平会比较舒适；成组悬挂宜集中在墙面的中心位置，上下各留出不少于0.5米的距离会更为美观。

解决方案 **1**

使用装饰画墙，为室内风格做剧透

玄关中的装饰画墙，风格上宜与室内相呼应，才能起到"剧透"的作用。

设计特点 使用装饰画来做装饰，既可以彰显整体风格特点又不占据地面位置，很适合通常面积都不大的玄关。玄关的装饰画墙的设计不宜过于复杂，易显得拥挤。

↑ 玄关与餐厅相邻，将两者之间的白墙用黑白色的装饰画做装饰，彰显出了北欧风格的特点，也使两部分空间均有了背景墙。

← 带有英文的数字挂钩，搭配以线描飞机设计图为内容的装饰画，以实木板墙为依托，烘托出了浓郁的美式韵味。

解疑！

玄关软装搭配常见问题 Q&A

Q: 玄关常用的家具包括哪些种类?

A: 通常来说，玄关的面积都是比较小的，所以不适合摆放太多的家具，选择家具款式和种类时，建议从实用角度出发，而后再兼顾装饰性，常用的玄关家具包括鞋柜、换鞋凳、玄关几、玄关桌、衣帽柜、挂衣架、雨伞架等。

分类	概述
鞋柜	玄关中的主要家具，宜根据玄关的大小来具体定制或选购，如果没有合适位置，可以考虑嵌入墙壁中一部分
换鞋凳	主要作用是让人们的换鞋更方便、更舒适，适合面积宽敞一些的玄关，款式较多，建议结合室内风格选择，如果鞋子太多无处摆放，可以选择带有储藏功能的换鞋凳
玄关几	体型在大型家具中属于轻盈的一种，宽度较窄，它的装饰性大于实用性，如果在满足实用需求的家具布置完成后，还有些空旷，就可以考虑摆放一张玄关几
玄关桌	兼具收纳功能的装饰性家具，它的体积较大一些，适合面积宽敞的玄关，除了表面可以摆放装饰品外，下方还可做收纳，如果是采光不佳的玄关，在选择合适的风格后，建议色彩上尽量使用浅色
衣帽柜	衣帽柜存放的衣物比较少，如果玄关面积小，可以选择薄一些的款式，将衣物直接挂在壁钩上来储存；如果玄关比较宽敞，可以做的大一些，来减轻卧室的储物压力。它可以利用玄关有限的面积，让衣物、鞋子的摆放看起来更整齐
挂衣架	挂衣架最大的优点是可以灵活地移动，并且造型上更具立体感，但因为衣服挂上之后没有整齐感，所以容易让玄关显得混乱，适合没有位置摆放衣帽柜的玄关
雨伞架	雨季较长的地区，在玄关有余地的情况下，建议摆放一个雨伞架来收纳雨伞，可以避免将室内弄得湿漉漉，建议选择做工精致一些的款式

Q: 鞋柜摆放在什么位置比较舒适？

A: 鞋柜的最佳摆放位置是入户门的左右两侧，具体位置根据门边的宽度及大门开启的方向来选择，通常来说，摆放在门开启的方向使用起来比较方便，如果这个方向没有位置，也可灵活选择。

Q: 整体式衣帽柜感觉比较压抑，有什么好的改善方式吗？

A: 在玄关使用落地式的整体衣帽柜，与同等宽度和厚度的鞋柜相比，收纳量更多。但如果是从底部一直到顶的款式，很容易让人感觉压抑，可以在中间的位置部分设计一些开敞式的造型，使上、下部分有一个分隔，在让其显得更轻盈的同时，还能在分隔处摆放一些工艺品、花艺等，还可以搭配暗藏灯来进一步美化玄关。

Q: 不同面积的玄关适合怎样布置家具？

A: 当玄关的面积小且窄时，建议尽量选择窄而低矮的家具，例如低矮的鞋柜，可以从视觉上调整整体比例，尽量减少家具的数量，让空间显得宽敞一些；宽敞一点的玄关除了鞋柜外，可以考虑整体式衣帽柜，再增加一个带有收纳功能的换鞋凳；面积足够宽敞的玄关，除了满足实用性外，可以加入一些装饰性家具，"剧透"室内的装饰，彰显居住者的品位，力求给人以深刻的第一印象。

Q: 玄关可以摆放花艺或绿植吗？

A: 花艺和绿植属于非必须型的软装饰，当玄关有合适的位置时，可以摆放一些来体现居住者的品位，还可让人进门就有一个好的心情。如果没有适合的位置，就没有必要强硬地挤出位置来放置，以免显得混乱。选择时，宜根据使用的位置来选择大小，如果放在桌子上可以选择中、小型绿植以及高度适中的花艺，过高容易给人压力；如果是放在穿衣镜前，可以选择小型或中小型的盆栽，枝叶不能过于茂盛，以免遮挡镜面；当玄关较宽敞时，摆放在入户门附近的盆栽可以选择大型的绿植，具有比较强的渲染力。

Q: 玄关装饰画怎么布置更合适？

A: 玄关墙面通常都不太宽，所以不宜选择幅面太大的装饰画，可选择一些小尺寸的装饰画进行组合，边框造型不宜复杂，简洁为佳。悬挂高度以人平视时视线在画面的中心或底沿上方1/3为宜。

阳台
以表达自然感为首要任务的软装搭配

状况一

一张小桌加一把椅子，这样的阳台装饰感觉略单调

⚙ 软装搭配问题分析

当阳台不太宽敞时，很多人会选择一张小桌子简单地组合一张小椅子的摆放形式，以便在阳台享受阳光照射下的休闲时光。往往墙壁上和地面上都不会做其他的装饰，这样虽然很简洁、利落，但未免显得有些单调，实际上，除了常规的桌椅外，还有很多其他方式的桌椅搭配，能够装扮出非常个性的阳台空间。

软装搭配 "微" 讲堂

小阳台的家具可以量身定制

阳台宽度较窄的时候，可选择的家具款式和尺寸都是比较有限制的，为了让装饰效果不打折扣，建议采取量身定制的方式来安排桌椅。例如拐角形的卡座、直线形的卡座、可以固定在栏杆或墙面上的折叠桌等，能够更好地利用空间中的边角部位，让小空间发挥最大的作用。

解决方案 **1**

定制卡座，充分利用转角空间

小阳台适合使用 L 形或者双人座的卡座，能够充分利用比较窄小的空间。

设计特点 卡座需要测量尺寸定制，所以能够充分地利用阳台有限的、窄小的空间，还可以具有一些特殊作用，例如收纳物品。

⬆ L 形的卡座搭配一个小圆几和圆形坐墩，就将阳台装扮成了一个小的休闲场所，卡座在同样面积的位置上，能够比休闲椅容纳更多的人数，而且更具亲密感，很适合用于家人或者好友的交谈。

⬆ 窄而短的阳台中，靠一侧短墙摆放了一张双人卡座，最具趣味性的是，在墙面悬吊了两个靠枕作为靠背，搭配白色的花艺，提供给居住者一个享受阳光的悠闲角落。

◉ 解决方案 2

小沙发/休闲椅 + 地毯 + 花艺，简洁又灵动

在阳台较窄的情况下，可以使用小沙发或者休闲椅，建议选择双人或单人款式。

🏠 设计特点 用一个主体家具小沙发或休闲椅靠一侧短边墙摆放，再搭配一张地毯和若干花草，阳台就会变得很小资，地毯的花色若能够与主体家具有所呼应，会让人感觉更舒适。

⬆ 深灰色和浅灰色组成的沙发，搭配黑白色的地毯、白色的盆栽以及浅米色的小几，将阳台布置成了一个极具生活情趣的小空间。家具的选材都经过了仔细思考，选择了耐晒的材质。

⬆ 这个阳台窄且长，白色的木质双人休闲椅充分地利用了它的短边，然后沿着长度的方向来布置茶几、地毯及花草，虽然面积小，却并不让人感觉拥挤，反而错落有致。

解决方案 3

小椅子 + 折叠桌、墙连桌或挂桌，节省占地面积

如果阳台的宽度只有1m 左右，折叠桌、墙连桌或挂桌都是比较适合的选择。

设计特点 和墙壁连在一起或者挂在栏杆上的桌子没有腿部，只有一个平面，可以用来摆放微型盆栽、书籍、茶杯等，搭配占地面积小的椅子，就是一个小的休闲区。

↑ 两张小的墙连桌作为吧台使用，搭配两把吧椅，后方利用墙面栽种绿植，就将阳台装扮成了一个具有自然感的休闲区。

← 如果阳台外侧是栏杆，可以使用挂桌，同样只有一个平面，非常节省空间。

状况二

喜欢养花花草草，规则地堆积摆放缺乏创意

✿ 软装搭配问题分析

很多人都非常喜欢花花草草，在有阳台的情况下，无论大小，都希望可以拥有一片属于自己的绿意，但是往往可能会因为面积小，而采取了比较规律的摆放方式，或者只是简单地摆放在地上，这样做虽然有了绿色，但是也容易让人感觉比较单调。可以利用一些不同款式的花架，将花盆错位摆放，制造一些层次感，即使是小阳台也可以装扮的非常具有创意感。

软装搭配"微"讲堂

阳台绿植的层次感主要靠它的不同位置、不同层级来塑造

除了超大的户型外，大部分户型中的阳台都比较小，常规宽度也就是1.2m左右，在这种情况下，可以充分地利用顶面、墙面、栏杆以及地面的空间，用不同款式的盆器来栽种绿植，即使是摆在花架上，选择位置错开的款式，也会具有较为丰富的层次感。

解决方案 **1**

将墙面利用起来，打造有层次感的绿意空间

墙面可以直接使用悬挂的花器，也可以使用背板，将花器固定在上面。

 设计特点　种植花草一是为了爱好，二是为了美观，将阳台的墙面利用起来，再搭配一些摆放在地面上的植物，比起全部落地摆放来说，更具层次感。

← 虽然都是小型的盆栽，但居住者使其分布在了墙面、栏杆和台阶等不同位置的立面上，非常具有层次感。

← 两侧的墙面无法利用时，可以将网格式的背板固定在栏杆的一侧，设计一些爬藤植物再组合一些盆栽，同样很有层次。

解决方案 2
用造型具有创意感的收纳架摆放花草

当墙面空间无法利用只能利用地面空间来摆放花草时，可以选择一些带有造型的花架。

设计特点 这些带有造型的花架，经过设计师的设计组合，自带错落感，即使是摆放相同高度的花草，也会让人觉得很有层次感。

➡ 多功能的阳台上，可以选择这种柜体和搁架组合的梯形置物架，每个搁架上都摆放一些花草，也会具有层次感。

解决方案 **3**

使用悬吊式花盆或栏杆花架，增加趣味性

悬吊式花盆可以充分利用立面空间，栏杆花架则是固定在栏杆上使用的。

 设计特点 悬吊式花盆可以很好地利用不依靠墙面部分的立面空间，只要有吊顶就可以固定，脱离墙面、位置比较灵活；栏杆花架则可以很好地利用栏杆的上沿或立面位置。

← 阳台上黑色的铁艺栏杆比较工业化，缺乏自然感，用栏杆花架安置了一些盆栽后，搭配内部地面摆放的花草，就变成了充满绿意的自然空间。

状况三

只有一个晾衣架，浪费了充足的自然光照

⚙ 软装搭配问题分析

明明屋子里面有些老旧，让人看了感觉改造的难度很大，但如果有一个阳台，就会让人觉得心情舒畅，再大难度的改造也没问题，如果这个阳台是露天的，那就更棒了。有一个阳光充足的阳台，能够让人缓解一天的好心情，所以，如果阳台只是用来晾晒衣物，那就太可惜了，即使比较窄，也可以做一些软装设计，让自己有一个放松之地。

软装搭配"微"讲堂

阳台家具布置宜以桌椅为中心

阳台上的家具比较少，常用的就是休闲桌、椅、花架，在能够摆放桌椅的情况下，阳台上的家具布置宜以桌椅为中心。先确定它们的摆放位置，而后再安排花架的位置。色彩上，桌椅可以突出一点，花架选择原木色、白色或黑色会比较舒适。

解决方案 1
彩色休闲椅 + 少量花草，带来明媚好心情

挑选彩色休闲椅的时候，可以选择一些明度较高的色彩，能够带给人欢快的心情。

设计特点　如果想要在阳台放置一些比较好打理的家具，那就非休闲椅莫属了，选择铁质框架的，就无须特别打理，而彩色的休闲椅比起黑色、棕色等，更能够让人觉得心情愉悦。

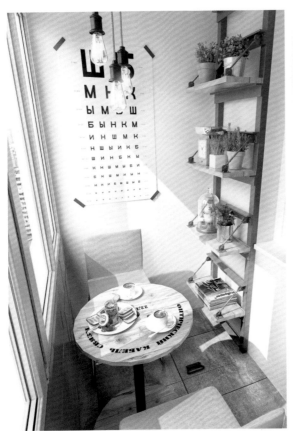

↑ 一张圆形小桌搭配两把黄色的休闲椅，而后在墙壁上利用搁架摆放一些小盆绿植，阳台就变成了一个让人感到愉悦的小餐厅，在阳光的陪伴下享用早餐，会让人一天都保持好心情。

↑ 为了与顶部下垂的花束装饰相呼应，居住者在阳台的白色休闲椅上也使用了粉紫色的坐垫，与顶部装饰呼应，装点出了一个浪漫而又唯美的阳台空间。

◉ 解决方案 **2**

休闲椅 + 风格布艺，享受悠闲时光

当阳台只能摆放一张休闲椅的时候，椅子的造型适合选择有特点的款式。

⌂ 设计特点 有一些阳台不适合做太多的布置，就可以选择一张造型有特点的休闲椅摆放在那里，而后精心地搭配一些坐垫或靠枕，同样可以让阳台变成休闲的空间。

➡ 像一顶大帽子一样的编织休闲椅，搭配一个米灰色的柔软坐垫以及一组以花草图案为主的靠枕，再加入一张拼色地毯，使阳台充满了异域风情。

解决方案 **3**

室内空间不足，阳台变身书房或茶室

阳台可以用榻榻米改装成茶室，或者安装书桌、书橱将其变成一个小书房。

设计特点 室内空间小，有很多功能无法满足，如果有阳台，那么就可以将其利用起来，无论是将其做成休闲用的榻榻米茶室还是工作学习用的书房，都能够在休闲的同时享受大好的阳光。

⬆ 这样的阳台长度短但宽度充足，居住者将其利用起来做成了榻榻米，布置一些矮小的家具，就变成了一个光照充足的休闲空间。

⬅ L 形的定制桌充分地利用了小阳台的地面空间，组合一把工作椅和壁挂式书橱，一个相对独立的小书房就产生了。

解疑！

阳台软装搭配常见问题 Q&A

Q：阳台常见的软装包括哪些种类？

A： 阳台是人们很容易忽视的空间，实际上可以很好地将其利用起来，无论空间大小。常用的阳台软装包括桌椅、收纳柜、收纳架、晾衣架、花架、窗帘、靠枕、绿植等，可以根据阳台的面积来选择适合的软装组合。

Q：阳台软装布置应注意什么？

A： 阳台是向阳最好的位置，所以多数家庭都用它来晾晒衣物，在布置软装的时候，要先考虑动线的布置，特别是阳台面积较小时，所有的软装宜尽量靠一侧墙面摆放，为人的活动预留位置。如果顶部要晾晒衣物，在布置植物的时候应避开晾衣区，以免洗衣剂中的物质对花草有害。

Q：阳台想要做成休闲区，但放不下常规的桌椅怎么办？

A： 阳台的宽度通常比较窄，当想要放下两人座的桌椅比较拥挤没有交通空间时，可以沿着短边墙和一侧长边墙来定制 L 形卡座，小桌子放在靠门一侧的位置，这样就能够在不影响交通的情况下，尽可能地多坐一些人。还有一种办法是使用折叠桌或固定在墙面上的小桌子，可以满足摆放茶杯和书籍的需求，根据情况可以在每个部位安装一个椅子，来满足使用。

Q：阳台有弧线转角，有好的利用方式吗？

A： 当遇到阳台的边角非直角而是弧角时，这个位置比起直角来说更难利用一些，可以摆放一些圆形的花盆，或者带有类似弧度的桌子，将其填满。

Q：阳台只有 1 米宽，怎样装扮可以简单又有个性？

A： 1 米宽的阳台，可以仅摆放一张符合喜好的单人休闲椅或者沙发，而后搭配一张地毯，在边角的位置上放一些绿植就可以，用少既是多的方式来装扮，过多的物品即使体积很小，也会让人感觉很拥挤。

2

第 二 章

软装改造家！
5 大软装饰家解决案例

掌握了不同家居空间的软装改造技巧，整体家居空间的改造又该从何下手？事实上，遵循一个原则即可——整体空间改造的统一性及协调性。首先定下一个改造基调，之后运用软装色彩和软装布置手法，来达成改造诉求。本章挑选出 5 个老房改造案例，从找出原空间存在的问题开始，到最终的软装饰家呈现方案，用对比的手法直观表达软装带来的空间视觉变化。

案例一

功能空间分区不明的老屋，变身清新、整洁的宜居雅室

设计师：黄士华
设计机构：隐巷设计

✖ 原空间存在的问题

1. 客厅和卧室共用一个区域，且分区不明晰，缺乏隐私性。

2. 门框及家具的色彩普遍暗沉，压抑感满满；而仅有的布艺色彩又过于跳跃，缺乏配色之间的融合。

3. 厨房和卫浴中规中矩，仅仅满足了使用功能，但缺乏美感。

4. 阳台角落处有发霉迹象，可以看出屋龄较老。

屋主需求

1. 单身的女屋主希望居住的空间呈现出干净、整洁的面貌。

2. 希望可以合理划分出基本的功能区域，并且拥有光线充足的客厅和卧室。

3. 希望拥有完备的储物功能，令家中的衣物、杂物等得到完美收纳。

4. 希望家居装饰充满艺术化气息，且能够使空间带有休闲感。

软装布置后的空间

◎**软装搭配**：空间中的家具不多，造型也较为简洁，但材质上却并不单一。除了常见的木质与布艺家具之外，还利用大理石＋铁艺的餐桌、铁艺茶几来形成材质对比，塑造出极具现代感的居室。此外，各种类型的装饰画，也是家居中亮人眼目的装饰。

◎**空间配色**：整个空间以轻浅的白与灰来作为主要配色，符合居住者追求干净、整洁氛围的调性。其间运用蓝色和木色进行点缀，既温馨、清爽，又不会令整体配色显得杂乱。

空间重点**装饰点位图**

综合区域

　　进门以小玄关拉开大门至居家的距离，沿着走道设计的开放或密闭的柜体，直至餐厅、客厅。在配色上运用了木色、白、蓝、灰的活泼跳色处理，令色彩丰富而有层次，符合居住者年轻的气息。

客餐厅

客厅的沙发墙运用水泥板模墙塑造，搭配抽象艺术画极具现代气息；由于空间色彩大多为无彩色系，因此用一个黄色抱枕和局部绿色的地毯来提升空间的色彩层次。餐厅中最引人注目的装饰为高跟鞋抽象装饰画，无论是色彩，还是题材，都非常符合都市新女性的喜好。另外，与餐桌相连设计的木隔板，为空间的装饰功能更添一分力量。

卧室墙面为温馨感十足的木纹饰面，搭配吊带裙装饰画，体现出强烈的女性特征。浅咖色的床品无论材质，还是色彩，均与木纹饰面搭配和谐。

阳台

利用卧室窗前空余空间辟设出一个可赏景的阅读角落，令空间功能更为丰富。小体量的座椅和茶几既不占用空间，又极具休闲意韵，一举两得。

厨卫

挖空小块墙面嵌入清玻璃，令空间的光线更加明亮；另外，大浴缸的设置，则使女主人安享泡澡乐趣。

厨房的面积不大，但 U 形设计令空间使用率大大提升。其间运用一束蓝色的满天星作为净白空间中的装饰，简单而设计效果却极为出挑。

案例二

破旧又拥挤的小居室，变成功能齐全的暖暖新家

设计师：程晖
设计机构：唯木空间设计

✖ 原空间存在的问题

1. 大开入户门后有一条狭长的过道，显得压抑而阴暗。

2. 客厅小而拥挤，与客房同室，侧面是卫浴门，没有足够的交通空间。

3. 缺乏相对独立的用餐空间，只能在茶几或者电视下方的柜子上解决，冰箱挤在客厅。

4. 卫生间墙砖大面积脱落，没有足够的储物空间，到处乱糟糟。

5. 主卧室采光不佳，缺少足够的收纳空间。

屋主需求

1. 希望有一个足够大的客厅、一个宽敞的厨房、独立的用餐区和大的卫浴间。

2. 希望能设计成一个便于使用的家，不是那种需要组装，需要变形的空间，感觉使用上会很不方便。

3. 家里人数较多，7个大人和一个宝宝，希望可以有充足的地方居住和招待客人。

☑ 软装布置后的空间

◎**软装搭配：**精简了家具的数量，只保留实用性的家具，储物或利用墙面做隔板，或定制宽度较窄的柜子，尽量让家居显得更加宽敞。墙面用装饰画来搭配彩色的墙漆，来丰富家居的装饰层次。

◎**空间配色：**公共区墙面选择了较深的静谧蓝和水晶粉，北侧临窗面选用了黄色，窗户也定制成了绿色，包括沙发也是专门定制的粉色。每个颜色的饱和度都很低，看久了也不会感到厌烦。同时房间在视觉上感觉扩大的秘密也在这里——深色会增加纵深感，让平面看起来更立体。

▼ 空间重点**装饰点位图**

客厅

　　沙发和电视柜选择粉色和红色，与墙面的灰色、深蓝色撞色，表现出业主内心柔软、细致的一面，同时用色彩吸引人的注意力，弱化客厅空间狭小的感觉。

主卧室面积比较小，软装的色彩就比较简洁，布艺与墙面色彩呼应以灰色和白色为主，塑造宽敞的整体感，而后搭配一点红色和蓝色的小面积装饰来活跃氛围。阳台安装了折叠桌，方便使用。

次卧

次卧室的使用者年龄较小，墙面涂刷成黄色后，搭配了青色的椅子，形成撞色，中间用白色和灰色组合的床品进行过渡，明快而不刺激。

茶室

客厅后的位置用隔断和榻榻米做成了一个多功能的茶室，同时可以兼做卧室使用，满足家庭人口较多的需求，而在居住者进行编织教学的时候，又可以变为一个教室。

厨卫

　　厨房挪到了原来客厅的位置，并做成了开敞式的设计，将卫浴间中的干区挪到了厨房与客厅之间，同时兼做隔断。橱柜成小 U 形布置，外侧岛台兼做餐桌，解决了没有餐厅、卫浴间过小等诸多问题。

　　洁面盆外移后，卫浴间变得比较宽敞，做了干湿分区，并装点了装饰画来美化环境。

案例三

分区不合理的小户型，
规划为功能齐全的舒适家居

设计师：祝滔
设计机构：尚邦设计

✖ 原空间存在的问题

1. 门厅和餐厅分区不明确，空间利用不全面，让人感觉过于空旷。

2. 客厅家具摆放不合理，严重浪费面积，与工作没有明确区分。

3. 厨房太小，收纳空间不足，物品放置乱糟糟，转身困难，烹饪难度大。

4. 卧室私密性差，面积过小，不能满足使用需求。

屋主需求

1. 希望玄关可以有一个明显的分界，并安装一个大容量的储物衣柜。

2. 希望客厅可以更美观一些，同时不会显得过于空旷。

3. 厨房太小，不能满足使用需求，希望可以做成开敞式的厨房，让生活品质更好。

4. 现在小卧室的位置希望可以设计成练鼓室，卧室挪到其他位置。

☑ 软装布置后的空间

◎**软装搭配：**从实用角度来选择家具，在有限的空间中，尽量最大化地利用面积，并以凸显宽敞感为主，例如客厅就使用了一张转角沙发搭配单人休闲椅，显得更宽敞；餐厅和厨房二合一后，利用过道空间，将橱柜台面延伸出一个圆弧形，作为餐桌使用。

◎**空间配色：**以具有都市感的棕色、灰色为主色，烘托时尚主题。小型家具中加入了一些女性化的粉色、紫色等，让女性主人也具有归属感。

▼ 空间重点装饰点位图

客厅

客厅面积不大，所以墙面采用悬挂、安装隔板等方式，用装饰画、绿植来丰富装饰层次。沙发选择 L 形，充分利用了玄关隔断和客厅墙面之间的转角，而后搭配一张休闲椅，在有限的空间内制造宽敞的感觉。

餐厨

厨房打通后，直接将台面延伸出去，设计成圆形，配置三个餐椅，让人感觉宽敞又具有个性，紧凑又不显拥挤。

玄关

使用隔断间隔出玄关空间，大门一侧原来空旷的位置，安装了穿衣镜和整体衣柜，减弱了过于空旷的感觉，也满足了实用性。

过道

过道空间从玄关外延开始，设计了一面整体式的收纳柜来增加收纳量，采取了格子和封闭橱柜结合的样式，搭配筒灯，虽然厚但并不让人觉得笨重。

影音区

　　在过道位置设计了个单独的影音区，供工作使用。使用了一张粉红色的沙发，为时尚的空间注入了一些女性的温柔气质，让女主人在阳刚气较重的家中，可以找到归属感。

音乐房

音乐房使用了折叠门，可以根据需要开启或关闭，乐器摆放在一角，分类明晰，没有丝毫的凌乱感，房门开启后，就是一组符合业主气质的装饰品。

案例四

使用灵活变动的家具，
实现夹层居室中的工作需求

设计师：袁晓媛
设计机构：隐巷设计

✖ 原空间存在的问题

1. 房高仅有 3.5 米，夹层是整层式的设计，上下公用窗，一层采光不佳，楼梯在门口，使用不便。

2. 卫浴间比较窄小，都是实体墙感觉很憋闷。

3. 想要在家居中规制出一个相对独立的工作区，需要能够摆放下工作器具和办公桌，但这样操作后餐桌将会无处摆放。

4. 二层楼梯位置不当，床靠窗的一侧摆放后，收纳空间不足。

屋主需求

1. 希望可以改善一楼的采光，不用依靠灯具也能有明亮的感觉。

2. 一层中希望能够设计一块用来工作的区域，同时还可以有位置摆放餐桌。

3. 希望卫浴间可以更明亮一些，白天无须开灯也能看清楚内部。

4. 希望楼梯位置可以更合理一些，让二层可以拥有比较充足的储物区和一个起居室。

✔ 软装布置后的空间

◎**软装搭配：**一层工作区中心部分使用了可以折叠的大桌子，可以根据使用需要来开合，在楼梯部分做了一个翻板桌，使用时可以翻出来，灵活地扩大工作区域；餐桌直接固定在墙上搭配两个小餐椅，以节省空间，为工作区预留更多空间。

◎**空间配色：**墙面以白色为主，以凸显宽敞、明亮的感觉，工作区墙面则设计成棕色，来增加时尚气息，侧面彰显工作性质。小型家具多使用撞色组合，以减弱大量白色带来的单调感，活跃氛围。

空间重点装饰点位图

工作区

将楼梯移到了靠窗的位置上，除门口附近外，全部规划为工作区，使用折叠类或固定在墙面上的家具以节省空间，制造宽敞感。

厨卫

　　原有楼梯的位置设计成为开敞式一字形厨房，吊柜和地柜组合，满足使用需求。

　　对面为卫浴间，墙体砸除一部分，用玻璃来代替，并使用推拉门，制造通透感，避免憋闷。浴室柜和窗帘的色彩呼应墙面地面，使卫浴间整体看起来更整洁、大气。

☑ 软装布置后的空间

◎**软装搭配：**二层楼梯更改方向后，卧室就可以靠实体墙的一侧，与沙发之间用折叠门分区。楼梯口的位置用沙发划分出一个简单的起居室，两侧摆放两个收纳柜，床的对面和侧面均设计成为收纳柜，提高收纳量。

◎**空间配色：**色彩设计呼应一层，硬装方面以白色为主体，凸显宽敞感，家具和布艺均为拼色款式，增添活泼感。

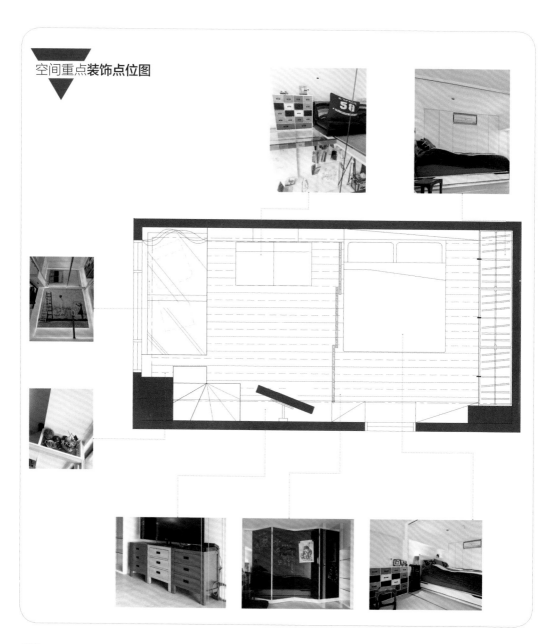

▼
空间重点装饰点位图

二楼

在白色的环境下，撞色组合的家具和布艺显得尤为活泼。楼梯空余的部分摆放了一些绿植，增添自然感。两层的窗帘合起来就是一幅画，非常具有趣味性。

案例五

收纳空间不足、凌乱的旧居，变身为干净、利落的新居

设计师：来波
设计机构：杭州力设计

✖ 原空间存在的问题

1. 客厅电视柜比较老旧，家里物品较多，将电视柜塞得满满的，显得很凌乱。

2. 沙发成一字形摆放，不美观，且比较老旧。

3. 厨房门连窗阻挡光线，内部使用空间不足，不能满足需求。

4. 卧室面积较小，挑选的衣柜款式老旧，且尺寸小，物品不能全部掩盖，显得非常乱。

屋主需求

1. 希望客厅可以更美观一些，阳台部分最好能够增加收纳类的家具。

2. 厨房光线不足，感觉白天很阴暗，希望可以有更多的操作区，现有空间严重不足，砧板只能使用小型，储物空间希望可以再增加一些。

3. 希望主卧室的收纳区大一些，使它看起来更整洁、干净。

☑ 软装布置后的空间

◎**软装搭配：** 整体软装设计以提高收纳量并凸显干净、利落的感觉为主，所以数量较少，尽量精简。柜体以封闭的款式为主，例如电视柜、卧室内的壁柜、厨房中的橱柜等，减少裸露出来的收纳部分，让家居看起来更整齐。

◎**空间配色：** 墙面使用低调、淡雅的色彩，给人雅致的整体感。收纳家具以白色为主，凸显整洁感，布艺家具则色彩较多样，但仍以淡雅色调为主，来塑造比较统一的观感。

▼ 空间重点**装饰点位图**

客厅的设计以凸显清新感和宽敞感为主。淡绿色的沙发搭配木质茶几、电视柜、蓝色地毯，烘托出清新的主体氛围，墙面的装饰画是点睛之笔，虽然色彩数量多，但色调具有统一感，所以既活跃了氛围却又不会让人有刺激、杂乱的感觉。

厨房

门连窗换成了折叠门，阳台被充分利用起来，增加了一组 L 形的橱柜，将炒菜区搬了过去，橱柜全部使用白色，凸显整洁、纯净的感觉。

卧室

卧室内改装了一个壁柜，扩大了物品的存储面积，将一切衣物都隐藏了起来。使用了一些小型饰品来体现生活品质，不会占用太多空间。